乡村振兴

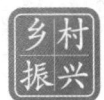

农民培训精品系列教材

“千万工程”简明手册

陈中建　陈　凌　夏泽辰　胡　杏　主编

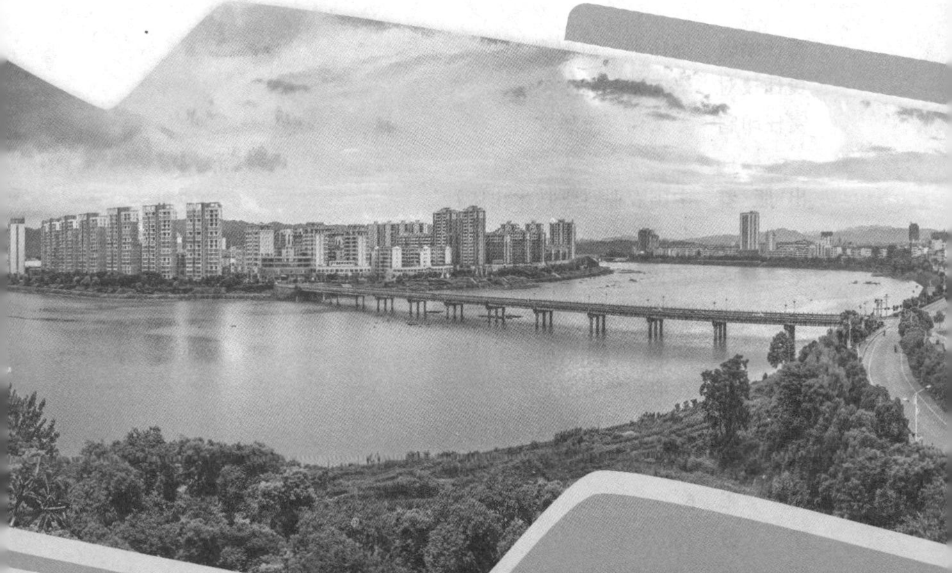

中国农业科学技术出版社

图书在版编目（CIP）数据

"千万工程"简明手册／陈中建等主编. -- 北京：中国农业科学技术出版社，2024.7. -- ISBN 978-7-5116-6942-1

Ⅰ. F320.3-62

中国国家版本馆 CIP 数据核字第 20247KL965 号

责任编辑 周伟平　白姗姗
责任校对 李向荣
责任印制 姜义伟　王思文

出 版 者	中国农业科学技术出版社
	北京市中关村南大街 12 号　邮编：100081
电　　话	（010）82106638（编辑室）　（010）82106624（发行部）
	（010）82109709（读者服务部）
网　　址	https://castp.caas.cn
经 销 者	各地新华书店
印 刷 者	河北尚唐印刷包装有限公司
开　　本	140 mm×203 mm　1/32
印　　张	6
字　　数	160 千字
版　　次	2024 年 7 月第 1 版　2024 年 7 月第 1 次印刷
定　　价	39.90 元

◆版权所有·翻印必究◆

《"千万工程"简明手册》编委会

主　编：陈中建　陈　凌　夏泽辰　胡　杏
副主编：陈　威　段庆波　罗九玲　于　云
　　　　江学军　申婷婷　李　莎　张　娜
　　　　薛世毅　阳祖勋　虎恩林　刘　梅
　　　　李　敏　夏　楠

前　言

2023年底召开的中央农村工作会议，传达学习了习近平总书记对"三农"工作作出的重要指示，对做好2024年"三农"工作作了系统部署，明确提出要学习运用"千万工程"经验，有力有效推进乡村全面振兴。

学习运用"千万工程"经验，是加快城乡融合发展步伐的重要举措、是继续推动美丽中国建设的内在要求、是全面推进乡村振兴的重要保障，对实现中国式现代化具有特殊重要意义。

本书是广大干部群众学习"千万工程"经验精髓要义和重大意义的一本通俗理论读物。

编　者

目 录

第一章 "千万工程"概论 ... 1
第一节 "千万工程"的时代价值 ... 1
第二节 运用"千万工程"经验引领乡村全面振兴 ... 3

第二章 "千万工程"推进乡村产业振兴 ... 8
第一节 乡村产业发展的理论 ... 8
第二节 提升乡村产业发展水平 ... 10
第三节 发展特色产业，促进乡村振兴 ... 13
第四节 促进乡村产业发展的行动路径 ... 18

第三章 "千万工程"推进乡村人才振兴 ... 21
第一节 激活人才引擎，赋能乡村振兴 ... 21
第二节 新时代人才振兴助力实现高质量发展 ... 23
第三节 涉农高职院校耕读教育服务乡村人才振兴 ... 28

第四章 "千万工程"推进乡村文化振兴 ... 33
第一节 乡村文化振兴的重大意义和实践要求 ... 33
第二节 乡村文化振兴促进人民精神生活共同富裕 ... 42
第三节 发展农村精神文明建设，强化文化基础设施建设 ... 53
第四节 "三农"视频传播助力农耕文化提升 ... 59
第五节 乡风文明为乡村振兴奠定文化基础 ... 65
第六节 坚定文化自信，发挥新媒体传播作用 ... 75

第五章 "千万工程"推进乡村生态振兴 …… 82
第一节 新征程推动生态文明建设的发展 …… 82
第二节 深入推进生态文明建设和绿色低碳协同发展 …… 85
第三节 乡村生态文明建设发展策略 …… 87

第六章 "千万工程"推进乡村组织振兴 …… 90
第一节 建立健全乡村组织的发展 …… 90
第二节 乡村组织振兴的关键 …… 96
第三节 运用"千万工程"经验,推进乡村组织振兴的策略 …… 101

第七章 "千万工程"推进乡村建设 …… 107
第一节 宜居宜业和美乡村建设的基本内涵 …… 107
第二节 整体推进宜居宜业和美乡村建设 …… 108
第三节 根据各村资源禀赋,进行场景化和特色化创建 …… 110
第四节 乡村建设的实施策略 …… 112
第五节 以"千万工程"经验明确乡村建设的目标原则 …… 119
第六节 "千万工程"经验推动乡村建设的实践路径 …… 125

第八章 "千万工程"推进乡村治理 …… 130
第一节 乡村治理推动"千万工程"走深走实发展 …… 130
第二节 党建引领乡村治理 …… 131
第三节 乡村治理水平提升的实现路径 …… 135
第四节 环境污染与乡村公厕 …… 138

第九章 "千万工程"推动乡村发展 …… 141
第一节 做好乡村特色产业 …… 141

第二节 "千万工程"宝贵经验谱写高标准农田
　　　　建设新篇章 ………………………………… 145
第三节 发挥新型农业经营主体作用 ………………… 148
第四节 以全域土地综合整治助力"千万工程" ……… 150

第十章 "千万工程"经典案例 ……………………………… 157

第一节 浙江省萧山区横一村：浙江省"千万工程"
　　　　何以促进乡村振兴 …………………………… 157
第二节 黄冈老区：让"千万工程"经验在黄冈老区
　　　　开花结果 ………………………………………… 160
第三节 湖北省巧绘新时代荆楚版"富春山居图" …… 166
第四节 湖北省孝感市：以"千万工程"引领推进
　　　　乡村全面振兴 …………………………………… 169
第五节 财政部湖北监管局：深学细用"千万工程"
　　　　经验案例 扎实推动财政监管高质量发展 …… 178

主要参考文献 ………………………………………………… 182

第一章 "千万工程"概论

2024年中央一号文件是21世纪以来第21个指导"三农"工作的中央一号文件。文件以学习运用"千万工程"经验为主线,对2024年及今后一个时期推进乡村全面振兴工作进行了系统部署。"千万工程"是习近平总书记在浙江省工作期间亲自谋划、亲自部署、亲自推动的一项重大决策。经过20多年迭代建设,"千万工程"已成为涵盖农村经济、政治、文化、社会、生态建设的系统性伟大创世工程。各地要从实际情况出发,学习运用"千万工程"蕴含的发展理念、工作方法和推进机制,聚焦重点领域,明确主攻方向,扎实推进乡村全面振兴。

第一节 "千万工程"的时代价值

一、"千万工程"是习近平经济思想萌发的实践基础

"千村示范、万村整治"作为习近平总书记在浙江省工作时亲自谋划与落实的重要工程,蕴含着习近平经济思想的重要内涵。从价值指向来看,"千万工程"自启动以来始终坚持共同富裕的价值取向,在以城带乡、城乡联动中,逐步缩小城乡发展差距、城乡居民生活差距。从根本宗旨来看,"千万工程"始终坚持以人民为中心的发展思想,经过20多年的发展,在党和人民的共同努力下,浙江省农村面貌和农民的获得感、幸福感和安全感均极大提高。从本质特征来看,"千万工程"始终坚持党建引领、党政主导。习近平总书记在浙江省工作期间,要求各级党政主要负责人切实承担"千万工程"领导责任,

创新建立、带头推动"四个一"工作机制。从战略途径来看,"千万工程"蕴含深刻的哲学智慧,坚持一切从实际出发、实事求是,根据浙江省自然资源稀缺的基本特征,提出并实施了包括"绿水青山就是金山银山"为代表的一系列新举措,在优势互补、循序渐进中实现浙江省的蝶变与飞跃。实践也一再表明,习近平经济思想的前瞻性与真理性。

二、"千万工程"是浙江省推进省域先行的生动实践

在过去20多年里,"千万工程"内涵不断深化拓展,推动了浙江省在共同富裕和中国式现代化进程中示范先行。2003年,在浙江省农村环境总体较差的背景下,"千万工程"提出以改善农村生产、生活和生态环境为工作重心,对一万个左右行政村进行了全方位综合治理,并希望其中一千个左右中心村可建设为全面小康示范村。2010年,全省在农村环境整体改善的基础上,以推进农村生态人居体系、农村环境体系、农村生态经济体系和农村生态文化体系建设为重点,开展美丽乡村建设。2016年,浙江省更是强调美丽乡村建设要从局部向全域转型。2020年,时任省委书记袁家军强调要以共建共享全域美丽大花园为总目标,到2025年,基本建成具有"国际范、江南韵、乡愁味、时尚风、活力劲"浙江省气质的美丽乡村。在"千万工程"战略的指引下,浙江省已然成为农业现代化进程最快、乡村环境最美、农民生活最优、城乡发展最协调的省份之一。现今,浙江省更是被赋予了高质量推进乡村振兴争创农业农村现代化先行省的光荣使命,应系统总结并推广"千万工程"的好做法、好经验,以更好推进乡村振兴和中国式农村现代化建设。

三、"千万工程"是乡村振兴的典型案例

党的二十大报告指出,农村依旧是全面建设社会主义现代

化国家最艰巨的任务所在。要实现乡村振兴,在经济上,须不断完善农村基础设施建设,提升农民的人均收入;在政治上,须进一步健全以党的基层组织为核心的农村组织体系,逐步实现权威的理性、功能的分化与参与的扩大;在文化建设上,须坚持"硬件软件"一起投入,在加强乡村文化建设的同时,广泛开展多样化群众文化活动;在生态建设上,须强化农村生态环境保护及机制建设、加大环境整治力度。浙江省作为改革开放先行地,在过去20多年里,深入实施"千万工程",坚持以农村人居环境整治为小切口持续深入开展村庄综合治理行动,积极优化农业产业结构与布局,传承乡村优秀传统文化……深刻重塑了浙江省农村人居环境,推动了城乡融合发展,促进了乡村产业振兴,提升了乡村治理效能,改善了农民精神风貌,是乡村振兴的典型案例。

第二节 运用"千万工程"经验引领乡村全面振兴

一、以"千万工程"经验引领粮食安全保障与耕地质量保护

20多年来,浙江省持续发力推动"千万工程"内涵升级,从单一农村环境整治,全面拓展到环境、产业、文化、治理等乡村各个领域。

浙江省作为我国粮食主销区,粮食供给处于紧平衡状态,强化粮食安全保障始终是"千万工程"的重要内容。浙江省在深化推进"千万工程"进程中,十分重视耕地保护和守住粮食安全底线,前瞻性提出要把传统农业改造建设成为高效生态农业,在全国率先推行粮食生产功能区和现代农业园区"两区"建设,严格落实耕地保护和粮食安全负责制,坚持质量并重强化粮食安全保障与耕地质量保护,加大高标准农田建设投入,健全种粮农民收益保障机制,大力扎实稳妥有序开展"非粮化"

整治，全省改造增加200万亩（1亩≈666.67m²）粮食生产功能区，共建成810.7万亩粮食生产功能区。学习运用"千万工程"质量并重加强粮食安全与耕地质量保护的经验，各粮食主销区要全面落实习近平总书记提出的粮食安全党政同责要求，毫不放松抓好粮食等重要农产品稳定安全供给，树立大农业观、大食物观和大粮食安全观，全面整治耕地"非农化""非粮化"，确保粮食生产功能区面积不减少、质量不下降、农田水利等设施完备，把农业建成现代化大产业。

二、以"千万工程"经验引领脱贫攻坚成果巩固与拓展

"千万工程"是21世纪初时任浙江省委书记的习近平同志从浙江省实际出发，以党的十六大精神指导"三农"工作，加快全省农村全面建成小康社会、推进农业农村现代化作出的一项重大决策，并定位为推进农村全面建成小康社会的基础工程。浙江省"千万工程"推进中特别注重推动欠发达地区跨越式发展，2015年2月，浙江省召开推进26县加快发展工作会议，26个欠发达县正式摘帽。先后实施了相对欠发达县、加快发展县、山区26县跨越式发展等专项行动，开展了低收入农户奔小康、低收入农户收入倍增、低收入农户高水平全面小康、低收入农户共同富裕等专项部署，积极推进生态移民、山海协作、"飞地经济"等战略行动。在"千万工程"引领下，浙江省发力"扩中""提低"、打出"促共富"组合拳，推动山区海岛县走上一条绿色发展、生态富民、科学跨越之路。2023年浙江省低收入农户人均可支配收入增长13.4%，率先突破2万元大关。学习运用"千万工程"促进低收入农户增收、推动山区海岛等加快发展的经验，要聚焦发展不平衡不充分问题，采取针对性、创新性举措，加大对重点地区帮扶支持力度，切实把脱贫攻坚成果巩固住拓展好，确保不发生规模性返贫。

三、以"千万工程"经验引领乡村产业发展水平提升

"千万工程"是发展乡村美丽经济的产业工程,造就万千美丽乡村、造福万千农民群众,催生了"两山"活化转化的新机制。习近平总书记在部署推动"千万工程"过程中,创造性提出"绿水青山就是金山银山"重要论断,成为指导"千万工程"向建设美丽乡村、经营美丽乡村和共享美丽乡村系统深化的新发展理念,"两山"这一富有哲理而又通俗易懂的理念逐步成为指导我国生态文明建设的核心理念。

浙江省上下秉持"两山"理念,通过盘活乡村资源,发展乡村"地瓜经济"和"土特产"等特色优势产业,推进农文旅融合,发展林下经济,提升全域旅游,拓展就业创业空间,打响民俗牌、生态牌、田园牌、乡愁牌,统筹村庄建设和村庄运营,将美丽环境转化为美丽经济,将生态优势转化为产业优势,构建生产、供销、信用"三位一体"农民合作组织,成功探索出了强村富民的发展路子。学习运用"千万工程"发展乡村美丽经济、培育"土特产"产业的经验,要着力推动发展理念变革和发展方式转变,聚焦全产业链、平台载体、产业配套、联农带农等机制创新,因地制宜推动乡村"土特产"等特色优势产业发展,推动建设美丽乡村、经营美丽乡村和发展美丽乡村经济深度融合。

四、以"千万工程"经验引领乡村建设水平提升

"千万工程"是统筹城乡建设的龙头基础工程,开创了城乡融合发展的新赛道。早在2003年浙江省"千万工程"启动之时,时任省委书记的习近平同志就提出要以统筹城乡兴"三农"的新思路来推动工程建设,强调在工程建设中必须贯彻以工促农、以城带乡的思想,做到城市基础设施向农村延伸,城市公共服务向农村覆盖,城市现代文明向农村辐射。浙

江省在深入推进工程实施中牢牢把握这一原则和方向，根据不同发展阶段的主要矛盾，顺应城乡发展趋势和群众需求，不断调整工作重心，从农村垃圾、污水、厕所"三大革命"的环境脏乱差整治向治水、治气、治土、治山、治乡等延伸，科学处理好城与乡、工与农、经济与社会、物质与精神、人与自然的关系，实现了美丽城市和美丽乡村的整体建设。"千万工程"20多年的接续努力，驱动了浙江省农村面貌发生深刻变化，城乡关系发生深刻变化，促进了农民收入水平的快速增长和城乡收入差距的持续缩小，全省农村居民人均可支配收入连续39年居全国省、自治区第一，城乡居民收入比从2003年的2.43缩小到2023年的1.86。学习运用"千万工程"坚持乡村建设、城乡统筹的经验，要按照"集中力量抓好办成一批抓得住能见效、群众可感可及的实事"的部署要求，扎实推进乡村普惠性、基础性、兜底性民生建设，持续推动城市公共服务向农村覆盖，着力推进城乡融合化建设水平。

五、以"千万工程"经验引领乡村治理水平提升

"千万工程"是造福农民的民生民心工程，被农民群众誉为"继实行家庭联产承包责任制后，党和政府为农民办的最受欢迎、最为受益的一件实事"，探索缔造了许多乡村治理有效的新范式。浙江省在"千万工程"推进深化中，突出抓基层、强基础、固基本的工作导向，坚持党建引领和"一把手"亲自抓。20多年来，每年召开最高规格"千万工程"现场会。紧紧围绕农民群众的期盼诉求，把群众满意度作为工作成效的最高评判标准，把增进人民福祉、促进人的全面发展作为出发点和落脚点，充分发挥基层治理、精准治理、柔性治理、市场治理等多种治理制度的功效，推进"县乡一体、条抓块统、一村一策"改革，实现了乡村自然生态环境、人居环境设施保护与绿色经济发展、公共服务提质的相互促进，推动农民群

第一章 "千万工程"概论

众获得感更加充实、幸福感更加持续、安全感更有保障。

学习运用"千万工程"坚持党建引领、大抓基层的经验，以基层民生福祉提升引领乡村治理能力和善治水平提升，坚持党建统领下自治、法治、德治、智治"四治融合"，不断健全和强化县乡村三级治理体系功能，推进乡村治理现代化。

第二章 "千万工程"推进乡村产业振兴

第一节 乡村产业发展的理论

一、推动农业农村现代化

"千万工程"与乡村产业发展紧密相连,共同承担着推动农业农村现代化的重大使命。在此过程中,乡村产业不仅是"千万工程"的核心组成部分,而且是实现农业农村现代化的关键驱动力。具体来看,"千万工程"和乡村产业发展的核心目标在于通过产业的升级和创新,实现产业的持续增效、农民的收入增长和生活质量的提升。

在"千万工程"的系统布局下,乡村产业发展不仅聚焦于农业生产效率和收益的提升,而且通过产业的多元化和生态化促进乡村的全面发展。这种发展模式在强调农业基础性地位的同时,也注重利用现代科技和创新方法,推动农业向更加高效、更可持续的方向发展。如通过引进高新技术和现代管理方法,提高农业生产的自动化和智能化水平,以及通过发展乡村旅游、特色手工艺等多元产业,实现产业的可持续发展。

同时,"千万工程"坚持的生态保护和绿色发展理念,也为乡村产业发展提供了新的方向。通过实施生态农业和合理利用生态资源,乡村产业不仅能够有效保护环境,而且能为农民开辟更多的增收渠道,为农业农村现代化提供全面、多元和可持续的发展模式,更好地推动农业农村现代化,实现农业强、农村美、农民富。

二、提升农民的生活水平

促进农民收入较快增长、持续提高农民生活水平,是乡村产业发展的根本出发点,也是"千万工程"战略实施的重要目标之一。具体来看,"千万工程"以人居环境整治为切入点,通过统筹推进"美丽乡村、共富乡村、人文乡村、善治乡村、数字乡村"建设,有效改善了农业生产和农民生活条件,实现了乡村产业、人才、文化、生态、组织的全面振兴。"千万工程"不仅实现了产业的多样化和增值链的提档升级,拓宽了农民的收入来源,而且在生态环境保护、社会治理创新等多方面改善了农民的生活水平。提升乡村产业发展水平作为"千万工程"在乡村建设领域的重要着力点,其核心目的在于促进小农户与现代化农业产业体系的有机结合,深化农村一二三产业的融合与创新,进而提升农业生产效率,增加农民就业机会,拓宽家庭收入来源,具体包括推广高效农业技术、打造特色农产品品牌、挖掘乡村旅游等新兴产业等,能够有效延伸农产品产业链,提升农产品价值链,提高农民的生活水平。

三、统筹兼顾效率与公平

效率是公平的重要基础,公平是效率的有力保障。"千万工程"和乡村产业发展的基本原则在于统筹兼顾效率与公平,致力于通过人居环境整治和美丽乡村建设改善乡村生产、生活和生态环境,同时确保农民能够直接参与乡村建设,享有公平的权益分配。首先,强调效率是为了确保"千万工程"和乡村产业发展能够获得最佳的生态效益和经济社会效益。通过构建更加完善的要素市场化配置机制,优化城乡生产要素配置效率,提高乡村产业的综合效益和核心竞争力。其次,注重公平是为了保障乡村发展的可持续性。"千万工程"和乡村产业发展不仅涉及经济增长问题,而且关系农村社会的和谐稳定,通过促进农村劳动力多渠道就业、完善社会保障体系、提高基础设施和公共服务水平，确保农民能够公平地分享乡村发展成果。

当然，实现效率与公平的兼顾需要有为政府、有效市场和有序社会三者的有效协同。其中，政府应该充分发挥引导协调作用，在政策制定上向农业农村领域倾斜，提供必要的财力保障、物力配置和人力投入。同时，也需要以政府有为推动市场有效和社会有序，共同促进乡村的持续健康发展。

第二节 提升乡村产业发展水平

一、"千万工程"的方法经验：创新工作方法

（一）注重调查研究、因地制宜

调查研究是中国共产党科学决策和贯彻落实的重要方式和方法，是党在各时期走好群众路线，赢得人民群众支持拥护，开创事业发展新局面的关键所在。"千万工程"每一阶段的深化和拓展，都是基于调查研究的成果。

聚焦县域基本单元，在充分考虑不同类型、不同地域乡村在区域生态、经济和社会系统中的价值与功能的基础上，通过整体规划、特色打造、连片经营等方式推动区域内乡村组团发展、联村发展。借鉴这一经验，乡村产业发展不仅需要解剖式调研典型案例，还需要开展事关全局的战略性调研、破解复杂难题的策略性调研等，充分掌握乡村客观实际，因村制宜编制产业发展规划，发挥科学决策、精准施策的强大力量。

（二）鼓励基层探索、共建共享

集众智、汇众力的工作方法紧密契合了共享发展理念，通

过鼓励基层探索和共建共享,能够有效提升乡村发展能力,实现利益均衡和价值共创。在"千万工程"实践过程中,浙江省探索构建了"调动群众"的基层探索的制度安排与共建共享的治理体系,实现了顶层设计与基层探索的良性互动。其一,通过整合统一乡村建设的资源与力量,强调乡村多元治理主体及其参与性和协同性,激发农民的主体意识,积极鼓励他们参与村级公共事务的管理和决策,并通过诱致性制度变迁将农民的成功探索理论化、制度化。其二,"千万工程"聚焦于农村人居环境改善、产业发展提升等现实挑战,遵循政府提供资金资源、村民投工投劳、全社会共同参与的"千万工程"投资建设基本原则,从根本上转变了过去城市建设由政府负担、乡村建设由农民和集体自行筹措资金的传统做法,践行了共建共享的乡村治理理念。借鉴这一经验,通过基层探索和共建共享的工作方法继续提升乡村产业发展水平具有现实可行性。

(三)注重以城带乡、以工补农

"千万工程"牢牢把握城乡融合发展的正确方向,注重以工补农、以城带乡的工作方法,为破解城乡失衡的历史性难题提供了新的经验。具体来看,"千万工程"以统筹城乡发展为工作导向,遵循以城带乡、以乡促城、城乡互动的发展思路,摒弃了传统上采用城市建设理念重塑乡村、以工业发展模式振兴农业的工作方法,有效推动了城市基础设施和公共服务的乡村覆盖以及现代技术的普及应用。实践表明,消除城乡要素公平交换与双向流动的制度障碍,推动生产要素及产业服务更深入地渗透至乡村,能够有效缓解乡村长期依附于城市发展的被动局面。提升乡村产业发展水平离不开城乡融合互动,当前和今后一段时期需要立足县域基本单元,充分考虑不同地区发展阶段和乡村差异性,深入探索县、乡、村功能衔接互补、要素优化配置的模式,畅通城乡要素双向自由流动渠道,提升资源要素协同利用效率。

二、"千万工程"的制度经验：优化制度设计

（一）党的全面领导的组织领导机制

坚持党总揽全局、协调各方的领导核心地位，是中国特色社会主义制度优越性的突出特征之一。"千万工程"之所以实现了有效执行和深入推进，关键在于充分发挥党的领导核心作用。

实践证明，无论是推进"千万工程"还是促进乡村产业发展水平的提升，党在农村的各项工作任务都需要依托农村基层党组织，且在党的统筹领导下有序开展。

（二）以人民为中心的协调落实机制

"千万工程"坚持以人民为中心的发展思想，坚持问需于民，主动适应并回应时代变化与农民需求，始终把实现好、维护好、发展好人民群众的福祉作为根本出发点，构筑了灵活有效的多元协调落实机制。

（三）常态化灵活化的监督考核机制

有效的监督考核机制是项目顺利开展的重要保障，"千万工程"坚持不断强化制度供给，构建了全方位、全链条的制度支撑体系，用制度来持续监督、规范和保障"千万工程"建设。其一，以政治监督为引领，以党内巡视为主线，促进各类监督贯通融合，夯实基层监督基础。通过运用现代信息技术为信息共享创造条件，构建多层次、多渠道、线上线下相结合的监督渠道，有效避免了监督缺位问题，营造了高效廉洁的政务环境。其二，引导广大党员干部牢固树立和践行正确的政绩观，通过设置个性化指标进行考核，克服短期主义行为，坚持

第二章 "千万工程"推进乡村产业振兴

把为民造福作为最重要的考核标准。

第三节 发展特色产业，促进乡村振兴

一、特色经济助力乡村产业振兴的内在逻辑

（一）有助于传承乡村传统文化，促进文化产业繁荣

首先，发展特色经济，势必会对乡村优秀传统文化进行充分挖掘，通过将特色传统文化与现代生产技术、新时代文化相融合，形成全新的发展形式，从而赋予传统文化新的生命力，提高农村传统文化对大众的吸引力，促使更多的人去了解农村传统文化、了解农村，实现传统文化的创新发展，从而避免传统文化失传。其次，乡村特色产业本身就是农村特色文化的一种，随着特色经济的不断创新发展，农村文化的表现形式更加丰富多样，在带动农村经济发展的同时，更会潜移默化地影响农村农民的思想观念，推动农民形成更加先进的经营理念，深化农民对现代化农业与现代化乡村的认识，提升农民发展特色经济与特色产业、追求美好生活的积极性。最后，特色经济将会进一步推动乡村农业与旅游业、农产品加工业的有机融合，丰富文化表现形式，焕发农村传统文化的长久生命力，激发农民的精神文化生活需求，推动新型文化产业形式的出现，繁荣农村文化产业市场。

（二）有助于推动农村治理能力现代化，推动城乡一体化发展

首先，特色经济实施主体为农民，在农村发展特色经济有助于提高农民的经济收入，同时提升农民参与乡村特色产业发展的信心与决心，提升农民参与乡村事务与新农村建设的积极性与主动性，从而提升乡村治理水平；发展特色经济将推动农

民积极主动联结其他利益主体，自发成立农民专业合作社及其他自治组织，推动农民与专业化生产组织及龙头企业等的沟通互联，提升农民的主体地位，推动农民与现代化农业产品市场的沟通。其次，发展特色经济有助于重构乡村治理结构，特色经济的发展将会丰富乡村产业结构与产业形式，吸引更多生产要素向农村倾斜，带来更多的就业岗位，促进农民就近就业，从而避免因外出务工造成的人口外流和土地资源浪费问题，同时将会优化农村的人口结构，保证乡村治理结构稳定与高效。

（三）有助于推动农村产业升级，实现产业振兴

首先，发展特色经济有助于充分调动农村的现有资源实现产业创新。农村地区自然资源与文化资源相对丰富，特色经济在农村地区的发展势必会通过各种形式对乡村资源进行最大化利用，通过生产技术创新与生产方式变革，推动生产资源充分流动，避免资源浪费的同时激发乡村产业活力。其次，特色经济有助于乡村产业结构升级，特色经济在充分挖掘乡村优势资源的基础上，还将利用大数据、互联网等现代化生产要素，推动传统产业转型升级，丰富农村单一的产业结构，实现从原材料生产到农产品加工再到互联网电商销售等多个环节的有机统一，延长单一生产主体的产业链条，提升特色产业的现代化发展能力，提高产品质量。最后，特色产业将推动农业与旅游业、农产品加工业的有机融合，形成休闲、康养等新型服务业，创新农村产业业态，实现乡村产业振兴。

二、特色经济助力乡村产业振兴的实践路径

习近平总书记在2022年中央农村工作会议中强调，"要落实产业帮扶政策，做好'土特产'文章，依托农业农村特色资源，向开发农业多种功能、挖掘乡村多元价值要效益，向一二三产业融合发展要效益，强龙头、补链条、兴业态、树品

牌"。这也为农村地区发展特色经济，推动产业振兴指明了行动方向。

（一）做大做优特色农产品，发展特色农业

首先，利用现代化发展理念发展特色农产品。发展农产品加工业，提升农产品加工转化率，农村地区可通过多种渠道对当前市场需求进行调研，了解消费者对农产品的需求偏好，通过政府的政策扶持及规划引导，科学规划农产品加工生产布局，鼓励成立农产品产业园区，对于农产品加工过程中的原料生产销售、产品加工、产品包装销售等各个环节全方位推进，促进产业集聚与产业融合，带动乡村新兴产业业态的出现，打造现代化农产品生产体系；延长农产品产业链条，优化特色农产品，农村地区应充分关注产业链条各环节的发展难点，持续优化，引导农产品加工企业及农业经营主体自主经营原材料产业基地，实现农产品生产、加工、销售的有机统一，深化农产品现代化生产环节标准化改革，赋予农产品文化价值与科技价值，提升农产品生产质量，以优质农产品提升市场竞争力。其次，重视农产品品牌建设与推广工作，提升农产品在市场上的知名度与影响力。加强品牌建设，乡村地区应充分立足于其自身的资源及产业特色，生产特色农产品，强化农业生产者的品牌意识，积极推动各地区的特色农产品品牌认证管理工作，充分挖掘本地区传统产业的发展潜力，融入现代化发展理念，推动绿色产品、生态产品、品质产品等，通过特色标签提升农产品的区别度，保证地区农产品在产品市场竞争中脱颖而出；积极搭建农产品品牌宣传推广平台，政府及农产品产业协会可组织农产品展览会、农产品生产交流会、农产品交易会、农产品推广会等，通过省电视台、广播、官方媒体等对特色农产品进行宣传推广，提升特色品牌知名度和市场竞争力；对特色产品品牌建设工作完成度较高的地区进行正向宣传，引导具备资源禀赋的地区积

极参与特色农产品发展与推广工作中来,通过设立品牌建设专项补助资金、奖励等,评选省级特色农产品,以进一步激励各地区积极参与品牌建设工作,提升农产品附加值。

(二)整合资源,打造乡村特色产业集群

首先,发挥好农村电商助农作用。积极开发引入便捷高效的电子商务运行平台,提升农村产业推广及销售渠道,通过完善网络基础设施建设、提高互联网普及效率,引导电商平台及电商类公司在农村地区安家落户;鼓励不断创新电商平台运营模式,推动互联网电商平台向手机平台转变升级,提升电商平台操作便捷性,提高普及效率,通过引进大数据、物联网等数字技术,实现数字技术与农业生产、农产品经营销售的全面融合;成立电商产业园区,通过引导农村新型经营主体、引进电商公司等方式推动农村电商产业园区的兴起与普及,对农民进行电商运营知识培训,培养本土电商主体力量;完善电商产业发展所依托的交通设施,引进物流公司及仓储公司,营造良好的电商运行环境,发挥好农村电商对农业经营及农产品销售的带动作用,通过引入与培育电商新生力量,推动农村传统农业创新发展模式,培育新的产业业态与经济增长点,推动农业实现现代化转型。其次,壮大农村集体经济,提升农村经营主体组织化及专业化程度。鼓励农民自发成立农业经济合作组织,鼓励农民日常生产经营合作交流,通过成立农民专业合作社、农产品产业发展协会、家庭农场等多种形式的合作社,推动农村农民生产交流与规模化生产,实现农村生产资源的充分利用,同时促进乡村产业完善;鼓励农业生产经营主体规范化生产经营,通过加强与专业化的农业生产企业之间的交流互通,提升农业生产主体的标准化生产经营理念,鼓励农民利用数字技术、机械化生产等方式,提升农业生产效率,推动农业生产现代化、专业化转型,提升农业经营收入;鼓励创新农村集体经济发展模式，壮大农村集体经济力量，为农村特色经济发展与产业振兴创造良好的经济基础与产业基础，积极推动农村经济变革，完善农村集体经济集体产业的产权制度，以村集体为单位，整合全村生产资源、资金等，以股份制为主要经营模式，将积极入股村集体经济的各生产环节的村民打造成利益联结体，创新收入分配方式，激发农民自主参与乡村产业发展的主动性与积极性，提升村集体经济实力的同时促进农民增收。

（三）推动农村产业融合，夯实产业振兴基础

首先，落实好农村产业经营主体与龙头企业的深度融合。做好农企融合工作，政府通过公开渠道招商引资，吸引农业龙头企业在农村落户，通过政策优惠等方式，引导龙头企业在农村发展农产品加工、电子商务平台及农业技术服务等领域，建立农业生产与龙头企业利益联结机制；建立农业生产原材料基地，鼓励农业规模化生产、集约化经营、标准化管理，提升农业与龙头企业发展契合度，强化与农业经营主体之间稳定的合作关系；龙头企业应强化资源要素配置机制与管理机制，充分利用其资金、技术等优势，提升自身经营能力，发挥好对农业生产经营主体的带头示范作用。其次，完善好产业融合配套服务。在农村地区搭建产业公共服务平台，落实好电子商务服务、旅游、物联网等综合信息管理与更新，做好信息服务与农产品销售平台搭建服务工作；完善创新创业服务机制，建立农业生产技术在线服务与指导工作，为创业主体提供免费的方案设计、融资方案解决等服务；健全农村闲置资源产权流转服务平台，通过政策法规等引导农村产权有序流转；加大金融服务力度，改进农村金融机构布局，增加服务机构数量，鼓励金融机构与新型农业生产经营主体建立合作关系，鼓励为农业生产主体提供贷款服务；引入农业保险机构及融资担保机构，通过农业保险服务分散农业生产风险，通过融资担保服务拓宽融资

渠道，提升农业主体的融资获得性。另外，推动农业与其他产业的深度融合。

第四节 促进乡村产业发展的行动路径

一、坚持系统思维，强化统筹协调

"千万工程"经验赋能乡村产业发展需要坚持系统思维，通过充足的政策工具和高效的执行机制，统筹协调好政策设计、产业布局和资金分配工作。

第一，统筹顶层制度设计。回顾"千万工程"的实施历程及其取得的基本经验不难发现，持续提升乡村产业发展水平离不开扎实周密的顶层设计。借鉴"千万工程"的实践经验，提升乡村产业发展水平，首先，要统筹处理好长期目标和短期目标的关系、顶层设计和基层探索的关系，突出政策设计的针对性和时效性，增强产业规划、土地政策等的稳定性和延续性。其次，还应加强基层政策执行的灵活性，让基层能够从繁重的表格、报告等形式工作任务中脱身，缓解政策设计与执行效果背离的治理困境。

第二，统筹产业空间布局。在顶层设计中提升乡村产业布局的系统性，需要坚持以产业空间优化和土地利用效率提升为方向，构建城乡和区域间分工明确、互动协同的现代产业体系。具体而言，要通过健全乡村产地仓储、电商配送、冷链物流、信息基础设施等公共基础设施建设，提升乡村产业发展的叠加效应和空间溢出效应。

第三，统筹项目资金分配。统筹项目资金分配能够提高资金使用效率，推动乡村产业项目实现高质量发展。在系统思维与统筹协调的思路下提升乡村产业发展水平，应强化财政资金投入的先导作用，注重从多维度优化乡村产业资金配置，统筹协调原有产业项目和新项目的资金分配,实现乡村长效主导产业和短效特色产业的有序衔接。对非常态化、容易造成"福利依赖"和"政策悬崖"的资金分配方式予以及时改进或废止。

二、坚持求真务实,注重问题导向

推动"千万工程"经验赋能乡村产业发展落实落地,应坚持求真务实和问题导向,着眼于地方发展实际,聚焦乡村产业的现实问题,并提出适宜乡村地域特征和经济发展水平的应对策略。

第一,重视乡村发展要求。乡村发展要求是制定乡村产业发展政策的重要依据,了解和满足乡村发展基本要求,才能推动乡村产业健康发展。借鉴"千万工程"的主要经验,提升乡村产业发展水平需要科学理解和把握不同村庄的变迁趋势,尊重乡村产业发展禀赋差异;要求注重产业规划的可操作性和适用性,统筹考虑产业发展、公共服务、土地利用生态保护等,将产业发展规律与乡村发展要求有效结合。

第二,关注产业发展需求。发展需求是乡村产业规划设计的重要导向,是选择产业项目类型的重要依据。新时代,持续提升乡村产业发展水平要立足资源禀赋、农业产业特性和城乡居民消费需求变化,注意推进乡村产业适地适度发展和因地制宜、精准施策,做到产业类型与社区自然资源禀赋适配。同时,应为乡村产业发展提供稳定、透明、可预期的市场环境,严厉杜绝将风险性高或仅适用于特定区域的产业作为提升乡村产业发展水平的主要手段,进行全域推广。

第三,倾听农民发展诉求。乡村产业发展既要着眼于农民收入的提高,也要兼顾农民市场竞争能力提升的诉求。一方面,要建立和完善指导服务机制,全面开展从种植到收获、从生产决策到产品营销的全链条培训,培养更多有文化、懂技术、善经营、会管理、能致富的新农人。另一方面，应关注并维护好广大农民群众和基层干部的切身利益，减轻产业发展过程中迎评送检、填表报数、过度留痕等行政负担。

三、坚持绿色引领，强调创新驱动

绿色创新是贯彻新发展理念的重要抓手，也是乡村产业转型升级的关键路径。坚持绿色引领和创新驱动乡村产业发展，重在把握"绿水青山就是金山银山"理念中发展与保护相统一的辩证关系，着力以创新驱动核心技术能力提升，缓解乡村产业发展与生态资源约束的新老矛盾。

第一，以创新驱动乡村产业绿色转型。未来应加大对技术创新和技术扩散的支持力度，推动乡村传统产业的生态化转型，探索产业生态化和生态产业化的良性发展路径，实现从单一强调生产功能的发展模式向兼顾生产、生活与生态功能的协调发展转变，推动乡村产业实现绿色转型。

第二，健全乡村产业生态价值实现机制。乡村产业发展需要加快推进农业科技、社会化服务体系建设、智慧育种、现代农机、节能降碳等技术的研发和应用，对于培育具有绿色低碳优势的乡村产业新业态至关重要，有助于拓展市场化、多元化的乡村生态产品价值实现模式。

第三，增强数字技术对乡村产业发展的赋能作用。数字技术创新活跃、应用广泛，对产业发展具有放大、叠加和倍增作用。乡村产业发展需要充分利用数字技术，加快现代要素与乡村传统产业融合。通过构建产业信息服务平台和乡村产业数据库，为乡村产业项目提供全生命周期的数据服务和技术支持，提升乡村产业信息化水平，增强产业发展的规范化和高效化。

第三章 "千万工程"推进乡村人才振兴

第一节 激活人才引擎,赋能乡村振兴

一、青年人才赋能乡村振兴的动力

实施乡村振兴战略对破除"城乡二元结构"具有重要意义,有助于乡村资源整合,吸纳乡村劳动力,提升乡村经济发展水平。乡村振兴全面实施需要一个完整的乡村治理体系,如今,已从巩固拓展脱贫攻坚成果到全面推进乡村振兴,统筹做好全面脱贫与乡村振兴衔接工作,需要广大青年群体积极参与乡村治理,激活青年群体参与乡村振兴的内生动力,为乡村治理建言献策。

在数字经济背景下,数字技术在农村经济社会中得到了广泛应用,应呼吁一批懂技术、有专长的人才返乡就业,广泛吸纳各类高素质人才,为推动乡村振兴贡献智慧与力量。

二、青年人才赋能乡村振兴的困境

城镇化快速发展进程中,城乡二元结构不断加剧,传统的农村经营不断受到城镇化的冲击,由于城市增长极的出现,不断虹吸周边乡村优质青年积聚在发达地区,导致乡村中、青年人口的流失,形成农村"空巢化"现象。乡村人才总体数量较少,人才引进政策对扩大推进乡村振兴所需人才总数的支撑效果不明显,难以发挥人才对乡村发展的支撑引领作用。

三、青年人才赋能乡村振兴的路径

《关于加快推进乡村人才振兴的意见》提出，要坚持把乡村人力资本开发放在首要位置，大力培养本土人才，引导城市人才下乡，推动专业人才服务乡村，吸引各类人才在乡村振兴中建功立业，健全乡村人才工作体制机制，强化人才振兴保障措施，培养造就一支懂农业、爱农村、爱农民的"三农"工作队伍，为全面推进乡村振兴、加快农业农村现代化建设提供有力人才支撑。

（一）优化乡村人才建设机制

坚持和加强党对乡村人才工作的全面领导，建立明确的条文规范，支持乡村人才政策发展，促进专业人才的技能交流和提升。

（1）拓宽基层岗位开发渠道。基层岗位干部是与广大人民群众接触得最多的群体，也是磨炼毕业生成才的重要平台，在开拓基层岗位时要以人才需求为出发点，结合公共服务开设更多的岗位，为毕业生搭建更好的就业平台。

（2）加强政策宣传，提高基层岗位的社会影响力，提高社会对他们的职业评价，提升其社会地位，弥补乡村引进人才的心理落差。

（3）调整薪资结构，保障乡村基层引进人才的薪酬待遇。乡村基层岗位的待遇与发达地区的岗位待遇存在着较大的差距，从一定程度上挫伤了基层人才的工作热情，因此，落实基层人才薪酬绩效改革，为基层工作人员增加一定的补贴，能让基层工作队伍更加稳定发展。

（4）完善基层干部的准入机制与考核机制，在引进过程中做到择优录用，在考核中确保考核程序的公平公正，考核内容要与实际情况相结合，保证内容的合理性。

（二）开展农民工返乡就业创业培训

随着美丽乡村建设工作不断推进，全国各地兴起了农民工返乡创业的热潮。农民工返乡创业是一个动态的过程，积极推动农民工返乡创业，需要从扩大农民工培训规模、提升培训质量、落实创业补贴等方面推进。

（三）优化乡村人才发展软硬环境

乡村人才所处环境与条件相对艰苦，肩负着乡村建设的重大使命。打造有利的产业发展环境、人才引进发展环境以及人居环境等，有利于乡村人才更好地为美丽乡村建设提供优质的服务。打造良好的人才发展环境需要根据工作实际，适当给予乡村人才处理问题的机会，更好赋予乡村人才工作所需要的权限和资源。

第二节 新时代人才振兴助力实现高质量发展

乡村振兴战略的实现需要以人才资源作为关键依托，乡村经济高质量发展更需要建立在人才振兴的基础上，因此，新时代人才振兴将会成为农业现代化发展的关注重点。

一、人才振兴助力乡村经济高质量发展的意义

人是生产力当中最活跃的因素，乡村经济高质量发展需要强有力的人才作为保障。

（一）人才振兴有助于提高农村干部队伍素质

由于农村基础设施不完善、市场化水平不高、医疗卫生教育等情况不如人意，因而大量农村劳动力出现外流。农村劳动力外流状况是不容乐观的。人才振兴不仅需要提升农村现存劳

动力资本，还要吸引大量的外来人才和留住本地的精英人才，同时为了源源不断地输送人才还需要提高教育质量，从根本上改善农村干部队伍年龄结构不合理和受教育程度不高等问题。同时，人才振兴更表现在农村干部的选拔任用机制的完善方面，将品德修为、管理能力和智力水平等放在突出位置，能够有效避免村干部在履职过程中出现错位、缺位和异位等问题。

（二）人才振兴有助于加快农业现代化进程

农业现代化是我国农业发展的核心目标，它是利用经济发展和科学技术改变传统农业生产经营方式，从而达到高产、低耗和优质等目的，实质上就是对传统农业进行技术化改造，形成"互联网+农业"的升级版。而这一切的实现需要人的推动，培养和造就一批具备较高科学文化素质、掌握农业经营和管理技术、拥有驾驭社会主义市场经济能力的农村人才队伍就显得尤为必要。如在面对大规模庄稼成熟后收割问题，传统农业采取的是人工收割，现代化农业采取机器人收割方式，不仅解放了人力，同时保证收割更加高效和高质，能够让农产品迅速投入市场，提高了商品的流通效率和竞争力，实现了扩大再生产和规模效应，促使农村经济高质量发展，更好地满足人民日益增长的个性化、多样化和不断升级的需要。

（三）人才振兴有助于实现乡村振兴目标

党的二十大报告明确指出"扎实推动乡村产业、人才、文化、生态、组织振兴"。乡村振兴具有多重路径选择，而人才振兴是其中最为重要的力量支撑，其他振兴都需要依靠人才振兴来实现，人才培养的质量高低直接影响乡村振兴战略的达成效果，因而，乡村振兴必须将人才培养教育管理等方面工作摆在突出位置。从当前我国农村产业发展情况来看，大多数农村产业发展程度不高甚至处于停滞状态，很大部分原因是农村劳动力人力资源供给不足,特别是创新型、技术型和管理型等综合型人才短缺,致使农村产业发展举步维艰,从而直接影响农村经济发展质量,农民生活水平就无法提高,不仅无法吸引外来人才,本土人才也会大规模流失,留下来的大都是没有劳动能力或是能力素质偏低的中老年农民群体,他们对于新兴产业的发展难以发挥应有的作用,城乡差距不断扩大,从而导致农村经济发展进入恶性循环。只有推进人才振兴,提升农民的综合文化素质和受教育程度,整个社会的文明程度才会提高。

二、人才振兴助力向高质量发展的实现路径

基于对现实困境的深入分析,从构建全方位人才培育、引进模式、改进村干部的选拔、任用和管理方式及完善农村人才体制机制建设三方面来破解现实难题。

(一) 构建全方位人才培育、引进模式

人才振兴的关键在于能够处理好"本土人才"和"外来人才"之间的关系,做好本土人才的培育和管理,同时要多方聚才,利用一切条件和资源吸引更多人才投身乡村建设。只有这样多方发力,才能整体提高农村劳动力人力资本的积累,从而为乡村建设出谋划策,助推乡村经济朝着高质量方向迈进。

对于现有农村人才要充分挖掘、培育和管理。要以知识结构的优化和管理经验的提升为立足点,结合农村培训的具体实例,提出创新培训策略和方案。政府要为培训提供政策支持和物质帮助,不仅在培训场所和培训专家等方面提供援助,还要通过与相关农业科研院所和校企联合,将农业现代化技能实现最大范围推广,让农民掌握最新农业现代化技术并运用到农业发展实践当中。

还可以从当地龙头企业或有丰富农业技术经验的农业大户

中寻找人才，更要创造一切有利条件为农民学习先进农业技术提供便利，如通过新媒体、培训班、广播、实地参观等方式强化农民对农业现代化知识技能的学习。这些措施不仅可以提升本地人才的人力资本水平，同时还可以为吸纳外来人才奠定基础。

由于农村外流人口较为严重，所以需要多方吸引社会各界人才投身于农村现代化建设。这里的社会各界既包括受到高等教育的知识分子和各领域中有突出工作经验的人才，也包括在当地享有崇高声望、品行优良、才能卓越并且与本土有浓厚情结的乡贤群体。要借助政府网站公开人才信息引进，还要让政府为引进人才提供政策支持和资金扶持，在教育、住房、医疗等方面给予补贴和优惠。政府还要加大力度优化选调生体系，为选调生在农村发展提供各方面便利通道，让他们在农村地区扎根、服务于农村各项事业的发展。

政府还要设立专项资金来专门鼓励到乡村创业的企业，可以聘请相关领域专家进行点对点专业化指导，也可以为创业者提供外出学习的机会，助推农村企业快速壮大。

（二）改进村干部的选拔、任用和管理方式

选好配强村"两委"干部（即村党支部委员会、村民委员会）是推动乡村振兴、实现乡村经济高质量发展的前提，把好入口关尤为重要，将村干部选拔工作贯穿人才振兴的全过程。在选拔标准的制定上，更加注重村干部的品德修为、知识、技能和管理经验等综合能力。在选拔程序上也要科学化和规范化，让村民参与其中，选出村民满意的干部队伍。

在培养青年后备干部方面，建立常态化的后备干部招考制度，将社会各界的有志青年吸纳到农村干部体系之中，以职业化培养机制、本土化嵌入机制和社会化衔接机制，让青年后备干部能够在岗位上"做得下去"。可以采取村主职干部助理制

度,形成县镇村三级分工负责的培养体系,让他们在不同级别和分类培养的过程中得到快速成长,从而正式进入"两委"班子当中,这样会对开展农村工作得心应手和游刃有余,为农村经济的良性健康发展提供了有力保障。同时还可以建立村干部流动机制,从根本上打破县域范围内的流动限制,从而根据村实际需求匹配相应的人才,这样就有效地避免了职位和能力相互错位的现象,提高工作效率的同时使村干部的自我价值感得到充分彰显。

在村干部管理方式上要建立逐级晋升机制,要让村干部看到未来职业发展路径。可以派遣他们到强镇、富村、龙头企业进行专门学习,形成对口帮扶机制,针对弱村可以采取定点扶持,帮助其解决发展困境。同时,有的村干部存在"混日子"的现象,针对这种情况,应将过程性考核和结果性考核有机结合,探寻更加合理的考评机制,让村干部干事有劲头和奔头,促使这份工作步入职业化和规范化发展轨道。

(三)完善农村人才体制机制建设

完善农村人才体制机制建设有助于加强本土人才内生、引进、培育和发展,提升农村人才队伍整体素质,从而促进农村工作朝着平稳和可持续化方向运行。

首先,要加强农村干部队伍内生性培养机制建设。本土人才更加了解本地的风土人情和文化历史,更适合和愿意回归本地奉献自身。通过政策扶持、资金支持、知识内化等方式把农村各领域人才潜力充分调动起来,让他们在各领域发挥优势和特长,从而突破陈规,实现由点及面带动周围农村发展。同时,要加大政策支持力度、项目吸引程度、感情笼络深度,通过各种方式将流出的本土人才吸引回来,不断壮大农村内生性本土人才队伍,为农村经济发展持续发力。

其次,要健全农村人才队伍的选拔、培育、管理和激励机

制。采取一整套程序化、公开化、民主化、规范化的选拔和培育模式，选出一批真正愿意深入农村、发展农业和服务农民的干部队伍。还要在农村人才队伍的管理和激励机制上持续完善，从能力、素质和工作成效等方面综合考量农村干部，对能力突出、有卓越贡献的村干部给予激励，确保农村人才干部队伍发展壮大。

最后，要优化农村人才队伍引进机制。内生性农村人才队伍是人才振兴的重要支撑。需要广泛聚才，吸纳社会各界精英人士、各领域有管理能力和技能的优秀人才补充到现有农村人才队伍中，需要为他们"量体裁衣"，找到最适合的岗位，同时给予丰厚的福利待遇。比如江西省上饶市就从福利待遇上吸引大学生回村任职，对回村大学生通过法定程序进入村（社区）"两委"的，保持待遇不减。这些举措能够有力招揽社会英才向农村地区倾斜，进一步优化村干部队伍结构，使得新引进的农村人才工作有盼头、干事有劲头、发展有空间，从而不断升级农村后备力量的储备，推动农村农业发展迎来新的春天。

第三节　涉农高职院校耕读教育服务乡村人才振兴

耕读教育是涉农高职院校对接国家农业强国建设的重要突破口，是涵养大学生"三农"情怀的重要方式，是推进乡村人才振兴的重要支撑点。习近平总书记在党的二十大报告中强调"全面建设社会主义现代化国家，最艰巨最繁重的任务仍然在农村"，明确要求进一步推进乡村振兴，而实现乡村全面振兴最大的问题就在于乡村人才的短缺。教育领域必须加强乡村人才的培育工作，使教育赋能乡村振兴和社会主义现代化建设。耕读教育是培育乡村振兴人才的重要方式和途径，能为乡村振兴提供强大的人才支撑和智力支持。因此，研究涉农高职院校耕读教育服务乡村人才振兴的路径具有重要意义。

一、耕读教育的内涵

通常意义上讲,"耕"就是从事农业生产,耕田种粮,从物质上保证人的生存;"读"就是知识学习、文化教育,在精神上确立人的价值。耕读教育作为中华文明延绵数千年的"密码",是我国古代教育理念的精髓所在,是需要传承和发扬的教育智慧。耕读教育始于先秦百家争鸣的时代,农家学派的代表人物许行率先提出了"贤者与民并耕而食"的主张。经汉魏到唐宋,耕读教育逐步演化为一种生活方式,一种教育理念,一种关系家国社稷的治理之道与选才之法。明末清初时期就开始论述耕读教育中"耕"与"读"的辩证关系及其重要性,耕读教育在古代中国的教育中占据着重要位置。中华人民共和国成立后,耕读教育也被应用于党和国家的教育改革和人才培养之中,更加注重人才的劳动教育,是一种关乎价值取向、使命追求、劳动实践的终身教育。在新时代,开展耕读教育工作,推行耕读文化,能够推动中华优秀传统文化与现代社会发展的有效衔接,对于培养知农爱农兴农型人才、实现乡村振兴和社会主义现代化建设具有重要意义。

二、耕读教育服务乡村人才振兴的路径

耕读教育在传承农耕文化,促进人的全面发展,实现乡村人才振兴方面具有重要价值。涉农高职院校要对接新时代乡村全面振兴对于人才的现实需要,充分发掘耕读教育的时代价值,开辟耕读教育服务乡村人才振兴的新路径。

(一)营造耕读教育校园文化

耕读教育文化起源于古代农耕社会历史时期,是中华优秀传统文化中的重要组成部分。耕读教育能够培育青年大学生人

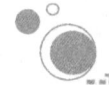

才树立正确的三观,培育大学生人才的爱国情怀,强化大学生人才的知农爱农兴农使命。

营造耕读教育校园文化,对涵养大学生人才的"三农"情怀、传承中华优秀传统文化、助力乡村人才振兴具有重大的现实意义。

涉农高职院校应营造耕读教育校园文化,将耕读文化融入校园文化建设之中,让耕读文化和劳动教育自觉融入大学生人才的日常生活,让大学生人才在校园文化的熏陶中,感知中华传统农耕文明的魅力。另外,还应该注重校园文化的运用,将"耕"与"读"相结合,融合典型事例,邀请涉农专家和典型人物进行专题报告,鼓励和引导大学生人才服务乡村振兴。

耕读教育将耕读精神融入大学校园精神文化,以实现耕读教育的价值内化。以耕读教育中的劳动教育来强化大学生人才的意志品质,提高大学生人才的劳动实践技能,推动耕读教育实现创造性转化,以文化人,鼓励新时代大学生人才争做强农、助农、兴农的农业现代化新人。

(二) 构建耕读教育课程体系

教育部明确指出各涉农高校要加强耕读教育工作,完善耕读教育课程教学,提高耕读教育育人的效果,这为涉农高校开展耕读教育工作、推进课程教学改革提供了根本遵循。

耕读教育倡导半耕半读,理论与实践相结合是涉农高校进行劳动教育的有效载体。耕读教育将"耕"的劳动教育和"读"的理论教育相结合,具有德智体美劳等全方位的育人功能,让大学生人才在"耕"与"读"、理论与实践中成才成长。因此,涉农高职院校要构建耕读教育体系,完善课程体系,发挥各类课程中的耕读教育元素协同育人效果。

涉农高职院校应该根据自身发展建设的情况,结合院校和专业特色,编写关于耕读教育的教材、增设相关课程、创新教育教学方式方法，构建耕读教育课程体系。

将耕读教育课程作为必修课和选修课，使各类专业课程协同育人，发挥课程育人的主阵地作用，培养大学生人才的耕读意识和耕读精神，提高大学生人才的专业技能。

(三) 拓展耕读教育实践平台

实践是理论之源，培养大学生人才，对接社会主义新农村建设，耕读教育实践是关键。要使耕读教育发挥育人实效，必须拓展耕读教育实践平台，加强耕读教育实践基地建设。

涉农高职院校要根据学校发展特色和专业特色开展各类特色农业活动，建设耕读教育实践基地，打造耕读教育品牌，加强与各乡村、各企业和政府的合作，引导大学生人才到各类实践基地、企业生产现场、乡村社区进行社会实践，增强大学生人才服务"三农"的责任感和使命感。

涉农高职院校要着力于拓展耕读教育的实践平台。涉农高职院校应依据学校的农业特色和专业领域，打造一批耕读教育实践基地，加强大学生人才的实践锻炼。涉农高职院校除打造一批具有学校和专业特色的耕读教育实践平台之外，还应该加强与周边各个乡村和相关农业企业的联系合作，积极建设校外耕读教育实践平台，使校内校外耕读教育实践基地实现互联互动，锻炼大学生人才的实践能力。

(四) 培育耕读教育师资队伍

教师是教育的根本，兴国必先兴教，兴教必先强师。建设一支专业化高质量的教师队伍是涉农高职院校开展耕读教育的必由之路。因此，要实现耕读教育更好地服务乡村人才振兴，必须加强相关师资队伍的建设。

耕读教育是一种理论与实践相结合的教育形式，对于教师的专业理论素养和实践指导能力要求很高。

涉农高职院校要注重教师的理论培训和实践能力培养，从理论和实践两方面提升教师的耕读教育教学水平。首先，涉农高职院校应加强引进耕读教育相关的专业教师，从源头上把控教师的专业质量和水平；其次，涉农高职院校应对从事耕读教育的教师进行专业理论培训和考核，提高相关专业教师的理论素养和专业水平；最后，涉农高职院校应加强对于从事耕读教育的专业教师进行实践指导训练，耕读教育对于实践性要求很高，教师必须具有专业的实践指导能力，加强对于实践指导能力的提升。

耕读教育实效性的发挥，离不开一支专业化高质量教师队伍的引导。涉农高职院校要抓好培育耕读教育师资队伍的建设，不断拓宽人才引进渠道，优化专业教师知识能力结构，培育高质量的育人师资队伍，为耕读教育服务乡村人才振兴提供坚实的师资力量支撑。

总之，新时代赋予了涉农高职院校耕读教育新的内涵和历史使命。耕读教育作为培养大学生人才的新模式、新途径，已受到教育领域的高度重视。涉农高职院校应加强营造耕读教育校园文化、构建耕读教育课程体系、拓展耕读教育实践平台、培育耕读教育师资队伍，全方位加强耕读教育在乡村人才振兴中的教育效果，涵养大学生人才的"三农"情怀，增强服务农业农村现代化的使命感，强化大学生人才的劳动实践技能，让学生能够真正地走进农村、走近农民、走向农业。

第四章 "千万工程"推进乡村文化振兴

第一节 乡村文化振兴的重大意义和实践要求

习近平文化思想继承发展了马克思主义文化理论,汲取了党领导人民推进文化建设的实践经验,深刻把握了新时代中国特色社会主义文化建设的内在规律,对指引当前中国文化建设提供了科学指引。

乡村文化振兴作为中国文化建设和新时代乡村建设的重要内容,对培育农村文明新风尚、倡导农村健康文明生活、加强农民思想道德教育和民主法治教育具有重要意义,同时也有助于推进乡村产业振兴和生态环境治理。当前,学界对乡村文化振兴的概念、意义、举措等内容进行了较深入的研究,也从数字技术、城乡融合发展等视角对乡村文化振兴进行了研究,形成了一定的研究成果,但鲜有从习近平文化思想视角对乡村文化振兴的理论研究成果。

一、习近平文化思想与乡村文化振兴的内在联系

马克思曾在《德意志意识形态》中指出:"思想、观念、意识的生产最初是直接与人们的物质活动,与人们的物质交往,与现实生活的语言交织在一起的。"习近平文化思想作为一种观念存在物必然要与现实物质活动发生交互作用,必然与当前我国社会生活有着密切联系。在乡村文化振兴背景下,习近平文化思想与乡村文化振兴构成了理论与实践的良性互动关系。此外,从历史与现实角度看,实现中华民族伟大复兴是近代以来中华民族最伟大的梦想,习近平文化思想与乡村文化

振兴也均统一于中华民族伟大复兴。

二、习近平文化思想关于乡村文化振兴的时代内涵与核心内容

深刻把握习近平文化思想与乡村文化振兴之间的关系，是进一步从习近平文化思想出发掌握乡村文化振兴的时代内涵和核心内容的重要前提。习近平文化思想立足于马克思主义基本原理和新时代中国特色社会主义伟大实践，成为新时代中国文化建设的科学指南，对包括乡村文化振兴在内的新时代文化建设的各个方面进行了科学论述，对乡村文化振兴的时代内涵进行了科学性阐释，对其核心内容进行了系统性归纳，为新时代乡村文化振兴提供了根本指引。

（一）习近平文化思想关于乡村文化振兴的时代内涵

习近平总书记曾对乡村文化振兴进行过科学论述，2018年3月8日，他在参加十三届全国人大一次会议山东代表团审议时明确指出："要推动乡村文化振兴，加强农村思想道德建设和公共文化建设，以社会主义核心价值观为引领，深入挖掘优秀传统农耕文化蕴含的思想观念、人文精神、道德规范，培育挖掘乡土文化人才，弘扬主旋律和社会正气，培育文明乡风、良好家风、淳朴民风，改善农民精神风貌，提高乡村社会文明程度，焕发乡村文明新气象"，同时明确了乡村文化振兴是乡村振兴的重要内容，强调"实施乡村振兴战略要物质文明和精神文明一起抓"。从这些经典论述中，可以进一步归纳乡村文化振兴的时代内涵，即乡村文化振兴是指在党的领导下，为服务乡村振兴全局和满足乡村群众高质量文化需要，在乡村地区推进社会主义先进文化建设，弘扬社会主义核心价值观，推进优秀传统文化创造性转化和创新性发展，开展思想道德建设、发展乡村文化事业和文化产业等，最终实现乡村文化繁荣、乡风文明淳朴、主旋律高度弘扬、农民精神境界显著提升的伟大事业。

第四章 "千万工程"推进乡村文化振兴

从习近平文化思想看乡村文化振兴的时代内涵,可以进一步透视乡村文化振兴的理论特质,主要涵盖三个方面。一是乡村文化振兴是着眼于现实的人的文化振兴。历史活动本身应着眼于现实的人的需要,乡村文化振兴也不例外。习近平总书记对乡村文化振兴提出的诸多要求,如"改善农民精神风貌""加强农村思想道德建设""培育挖掘乡土文化人才"等,都是从乡村群众对高质量文化需要出发的,都深刻把握住了乡村文化振兴背后人的因素。从这个意义上讲,乡村文化振兴不仅是为了文化本身,更是为了文化背后的现实的人。二是乡村文化振兴是科学把握历史、现实与未来的文化振兴。乡村文化承载着过去、连接着现在,并向未来延续,因此处理好乡村文化历史、现实与未来的关系对乡村文化振兴尤为重要。习近平总书记曾对农耕文化、乡村优秀传统文化进行过论述,2013年12月12日,他在中央农村工作会议上指出:"农耕文化是我国农业的宝贵财富,是中华文化的重要组成部分,不仅不能丢,而且要不断发扬光大。""我们要深入挖掘、继承、创新优秀传统乡土文化。"这些科学论述,既是习近平文化思想精辟论断的集中呈现,也深刻反映了我国乡村文化振兴是科学把握历史、现实与未来的文化振兴。三是乡村文化振兴是正确处理社会主义先进文化与中华优秀传统文化关系的文化振兴。习近平文化思想闪烁着"两个结合"的智慧,在对乡村文化振兴进行科学阐释时,明确了乡村文化振兴既要弘扬社会主义先进文化,筑牢社会主义意识形态防线,也要传承创新中华优秀传统文化,赓续中华文脉。这实际上规定了乡村文化振兴必须是社会主义先进文化大力弘扬、中华优秀传统文化广泛传播的文化振兴。

(二)习近平文化思想关于乡村文化振兴的核心内容

根据习近平文化思想关于乡村文化振兴时代内涵的科学阐释,可以进一步明确乡村文化振兴的核心内容,主要包括四个

方面。一是乡村优秀传统文化振兴。习近平文化思想明确阐述了"赓续中华文脉"，这一论断对乡村文化振兴而言，就是要实现乡村地区优秀传统文化的振兴。乡村是中华优秀传统文化的聚集地，乡村优秀传统文化涵盖了中华民族祖先的优秀思想道德、艺术技艺、劳动经验、节日习俗等，振兴乡村优秀传统文化不仅是赓续中华文脉的必然要求，也是新时代文化强国建设的现实要求。二是乡村文化事业和文化产业的振兴。习近平总书记在2023年全国宣传思想文化工作会议上明确强调："着力推动文化事业和文化产业繁荣发展。"从习近平文化思想出发，乡村文化振兴必然要实现乡村文化事业和文化产业的振兴，既要提升农村地区教育文化水平、增强公共文化服务体系建设、大力发展文化事业，也要推进文化产业建设，从乡土文化中挖掘推动文化产业发展的有利资源。事实上，只有乡村文化事业和文化产业繁荣，乡村文化振兴才能拥有更为强大的动力。三是乡村文化人才队伍振兴。乡村文化振兴离不开人才的支撑，只有形成高质量的文化人才队伍，乡村文化振兴才能持续发力、接续前进。习近平总书记深刻认识到了文化人才对乡村文化振兴的重要意义，他明确指出要培育挖掘乡土文化人才，开展文化结对帮扶。在不断培养乡土技艺传承人、乡村文化研究人、乡村文化宣传人的基础上，乡村文化振兴才能行稳致远，因此可以说，乡村文化人才队伍振兴是乡村文化振兴的核心内容之一。四是乡村社会主义先进文化建设高质量推进。乡村文化振兴必须坚持正确的政治方向，要以社会主义先进文化教育群众、感染群众、团结群众。习近平文化思想明确要求建设具有强大凝聚力和引领力的社会主义意识形态，将此要求投射到乡村文化振兴领域，就是要在乡村地区高质量推进社会主义先进文化建设，不断以马克思主义理论武装群众，以红色文化感染群众，以习近平文化思想教育群众，这就构成了乡村文化振兴的又一核心内容。

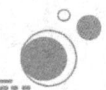

三、习近平文化思想对新时代乡村文化振兴的意义

厘清习近平文化思想关于乡村文化振兴的时代内涵和核心内容的科学阐释,有助于准确把握习近平文化思想对新时代乡村文化振兴的重大意义。新时代乡村文化振兴作为乡村全面振兴的重要推动力,"是解决我国乡村文化发展不平衡不充分的关键环节,也是实现人民对美好生活向往的重要举措"。新时代乡村文化振兴离不开科学理论的指引,习近平文化思想作为新时代中国文化建设的总指引和总方针,能够对乡村文化振兴的政治方向、内在规律、时代之问等予以明确回应,对新时代高质量推进乡村文化振兴意义重大。

(一)习近平文化思想明确了乡村文化振兴的政治方向

乡村文化振兴坚守正确的政治方向,关键在于回答好乡村文化振兴坚持什么理论、走什么道路、恪守什么立场的问题。习近平文化思想从宏观战略层面指明了文化建设的政治方向,即中国的文化建设必须坚持马克思主义文化理论,必须走中国特色社会主义文化发展之路,必须恪守人民至上这一根本立场。这实际上也为我国乡村文化振兴指明了政治方向。首先,以习近平文化思想为指引,能够有效确保新时代乡村文化振兴始终坚持马克思主义文化理论。在庆祝中国共产党成立100周年大会上,习近平总书记指出:"中国共产党为什么能,中国特色社会主义为什么好,归根到底是因为马克思主义行!"马克思主义文化理论是建立在马克思主义理论体系之上的,对人类社会文化发展规律、文化建设规律、文化与人的关系予以科学回答的卓越思想。习近平文化思想是对马克思主义文化理论的继承与发展,是21世纪马克思主义文化理论的集中体现。坚持以习近平文化思想指引乡村文化振兴,能够确保乡村各项文化建设深入贯彻马克思主义文化理论的世界观与方法论,能够将马克思主义本身所蕴含的"人的自由全面发展""共产主义远大理想""社会生活在本质上是实践的"等科学理论有机融入乡村文化振兴的目标、原则、任务、策略之中,使乡村文化振兴永葆马克思主义的政治底色。其次,以习近平文化思想为指引,能够有效确保新时代乡村文化振兴始终走中国特色社会主义文化发展之路。习近平文化思想深刻诠释了中国特色社会主义文化发展规律,对"为什么走中国特色社会主义文化发展之路"和"如何走好中国特色社会主义文化发展之路"进行了科学回答,2023 年,在全国宣传思想文化工作会议上,习近平总书记指出:"要坚持以新时代中国特色社会主义思想为指导,全面贯彻党的二十大精神,聚焦用党的创新理论武装全党、教育人民这个首要政治任务,围绕在新的历史起点上继续推动文化繁荣、建设文化强国、建设中华民族现代文明这一新的文化使命"。这就意味着坚持以习近平文化思想为指引,才能在中国特色社会主义文化发展之路上行稳致远。乡村文化振兴是乡村这一基本地理单元为实现文化振兴的目标而坚定中国特色社会主义文化发展之路的具体实践行为,以习近平文化思想为指引,能够为乡村文化振兴提供走好中国特色社会主义文化发展之路的密码,能够将宏观层面中国文化建设的战略部署、历史层面我国文化发展的经验启示、理论层面中国文化建设的科学理论、微观层面乡村文化建设的现实需要聚合起来,形成推进乡村文化振兴的磅礴之力。最后,以习近平文化思想为指引,能够有效确保新时代乡村文化振兴始终坚持以人民为中心的根本立场。习近平总书记在党的二十大报告文化部分,对文化建设应坚持人民导向提出了要求,强调"满足人民日益增长的精神文化需求,巩固全党全国各族人民团结奋斗的共同思想基础""坚持以人民为中心的创作导向,推出更多增强人民精神力量的优秀作品"。由此可见,习近平文化思想蕴含深厚的以人民为中心的发展理念,强调人民是文化建设的参与

第四章 "千万工程"推进乡村文化振兴

者和享有者,文化建设必须满足人民对美好生活的需要,必须不断通过系列文化建设提升人民的精神境界并增强文化自信,从而实现人的自由全面发展。习近平文化思想所体现的以人民为中心的发展理念,进一步铸牢了乡村文化振兴的根本立场,为新时代乡村文化建设凝聚人民之心、聚合人民之力、吸收人民之智提供了根本遵循。

(二) 习近平文化思想揭示了乡村文化振兴的内在规律

乡村文化是一种立足农业生产实践背景之下的文化类型,既包括承载中华文脉的中华优秀传统文化,又包括中国共产党领导中国人民在革命、建设和改革过程中逐步形成的革命文化和社会主义先进文化。乡村文化振兴属于文化建设的范畴,一般是指在乡村区域对社会主义先进文化和中华优秀传统文化接续弘扬,对乡村文化建设的现实困境予以解决,对乡村文化转化为推动乡村经济社会发展的现实力量予以激发的各类行为总和。从乡村文化与乡村文化振兴的概念中不难发现,乡村文化振兴必须处理好社会主义先进文化与中华优秀传统文化的关系、乡村文化与乡村经济社会发展的关系、乡村文化建设成就与现实困境之间的关系、乡土社会的思想道德与现代社会的价值观念之间的关系等,而乡村文化建设的内在规律就蕴含在这些关系之中。习近平文化思想以马克思主义科学理论为灵魂内核,以包括文化建设实际为根本立足点,对包括乡村文化振兴在内的中国文化建设规律进行了科学揭示,这是习近平文化思想之于乡村文化振兴的重大意义之一。一方面,习近平文化思想中的"两个结合"理论,为揭示乡村文化振兴必须遵守社会主义先进文化和中华优秀传统文化和谐互动这一规律,提供了理论指引。习近平总书记在党的二十大报告中明确阐述"两个结合",强调"只有把马克思主义基本原理同中国具体实际相结合、同中华优秀传统文化相结合,坚持运用辩证唯物主义和历史唯物主义，才能正确回答时代和实践提出的重大问题。"根据"两个结合"理论的要求，社会主义先进文化与中华优秀传统文化不仅要结合，而且要能通过结合释放强大思想文化效能，社会主义先进文化与中华优秀传统文化良性互动的规律是推进乡村文化振兴的内在规律之一，只有以习近平文化思想为指引，深刻把握这一规律，将优秀的传统乡土思想道德与无产阶级思想道德相结合，将乡村地区优秀传统文化资源与新时代中国特色社会主义主流文化相融合，乡村文化振兴才能顺利推进。另一方面，习近平文化思想理顺了物质文明与精神文明之间的关系，这实际上也为揭示乡村文化振兴必须遵循文化建设与乡村经济发展良性互动这一规律，提供了理论指引。2017年12月，习近平总书记在江苏省徐州市考察时强调："农村精神文明建设很重要，物质变精神、精神变物质是辩证法的观点"。在推进乡村文化振兴时，只有将文化建设与乡村经济发展联系起来，发挥文化对乡村致富的赋能作用，不断满足群众对高质量文化产品和文化娱乐的需要，乡村文化才能实现真正的振兴。

（三）习近平文化思想回应了乡村文化振兴的时代之问

当今世界正经历百年未有之大变局，以数字技术、人工智能、互联网为代表的新科技不断涌现，深刻影响着经济社会发展。以新科技为依托形成的流行文化、思维方式、价值观念也对乡村文化提出了挑战，致使乡村文化在面对现代文化时的疏离状态更加严重，"这种对乡村文化的集体失落感直接反映了乡村文化振兴主体对乡村文化的整体认同危机"。与此同时，西方资本主义国家的腐朽思想与错误价值观念也随着经济全球化浪潮对我国意识形态领域产生了冲击，乡村地区的意识形态建设面临诸多挑战。此外，中国文化建设相关的各类配套资源在空间分布上尚不均衡，乡村地区教育质量、科技基础、人才储备等与城市相比存在差距。基于上述事实，当前我国乡村文

第四章 "千万工程"推进乡村文化振兴

化振兴面临的时代之问主要包括：乡村文化在面对城市现代文化挑战时如何保持自信的问题、乡村文化建设如何筑起抵御西方意识形态冲击的坚强之盾、乡村文化建设资源如何汇聚并发挥相应的作用等。习近平文化思想作为时代精神的精华，是立足新时代文化建设现实而形成的科学理论，能够科学回应乡村文化振兴面临的时代之问。首先，习近平文化思想能够科学回应乡村文化如何在城市现代文化面前保持自信的问题。习近平文化思想强调以人民为中心推进文化建设，习近平总书记在2017年中央农村工作会议上指出："鼓励文艺工作者深入农村、贴近农民""广泛开展农民乐于参与的群众性文化活动"。以此为指引，有助于从群众对优质乡村文化的所思所需所盼出发推进乡村文化建设，不断发掘乡村文化资源，增强乡村文化的影响力和生命力，进而增强群众对乡村文化的信心。另外，习近平文化思想强调乡村文化建设应具有包容性，以此为指引，有助于增强乡村文化建设海纳百川的气度，有助于乡村文化不断吸收借鉴城市现代文化的长处。例如，以流行网络文化助推乡村优秀传统文化的传播、推动城市现代文化观念与乡土文化观念有机融合等，进而打破乡村文化与城市现代文化"非此即彼"的关系，不断增强乡村文化的现代生命力。其次，习近平文化思想能够科学回应乡村文化如何抵御西方意识形态的冲击。习近平总书记在2017年中央农村工作会议上指出："加强爱国主义、集体主义、社会主义教育""加强无神论宣传教育""推出具有浓郁乡村特色、充满正能量、深受农民欢迎的文艺作品"。以此为指引，能够切实筑牢村民的意识形态防线，增强其抵御西方腐朽文化和不良社会思潮侵蚀的能力，同时有助于增强乡村文化的竞争力。最后，习近平文化思想能够科学回应乡村文化建设资源如何汇聚并发挥相应的作用。习近平文化思想蕴含深刻的系统思维、辩证思维和整体思维，对乡村文化建设资源的汇聚和作用的发挥提出了诸多科学论断。如"加强农村思想道德建设和公共文化建设""把我国农耕文明优秀遗产和现代文明要素结合起来""深入挖掘优秀传统农耕文化蕴含的思想观念、人文精神、道德规范"等,这些科学论断为乡村文化建设的资源整合提供了方向指引。

四、习近平文化思想对新时代乡村文化振兴的实践要求

习近平文化思想的核心内容集中体现为"七个着力","七个着力"既是新时代文化建设理论的精华所在,也是新时代文化建设的实践要求所在。对乡村文化振兴而言,习近平文化思想对其提出了明确的实践要求,即坚持党对乡村地区宣传思想文化工作的领导,铸牢社会主义意识形态;坚持在乡村地区培育和践行社会主义核心价值观,推进乡风文明建设;坚持对乡村地区优秀传统文化进行传承与弘扬,着力赓续中华文脉;坚持推动乡村地区文化事业和文化产业繁荣发展,促进实现农民农村精神生活共同富裕。

第二节 乡村文化振兴促进人民精神生活共同富裕

精神生活共同富裕是共同富裕的重要组成部分,是人们基于物质生活水平提高而产生的更深层次的美好生活需要。

习近平总书记在党的二十大上突出强调:"中国式现代化是物质文明和精神文明相协调的现代化""全面建设社会主义现代化国家,最艰巨最繁重的任务仍然在农村"。

乡村文化振兴是乡村现代化的客观需要,也是乡村文化现代化发展的必由之路,既能有所侧重地促进农民精神生活共同富裕,又能在乡村优秀文化的传播中助力全体人民精神生活共同富裕。因此,在社会主要矛盾持续转变的背景下,必须锚定精神生活共同富裕的目标,坚持以乡村文化振兴丰富人民精神生活,促进人民精神生活共同富裕。

第四章 "千万工程"推进乡村文化振兴

一、乡村文化振兴与精神生活共同富裕的关系

乡村文化振兴与人民精神生活共同富裕存在着相互支撑、密不可分的耦合关系。在实现人民精神生活共同富裕的过程中,乡村文化振兴是不可或缺的动力来源;在乡村文化振兴的过程中,精神生活共同富裕是重要的方向。

(一)乡村文化振兴促进人民精神生活共同富裕

优秀文化滋养、丰富和充实人们的精神世界,乡村文化振兴为人民精神生活共同富裕提供高质量文化供给。乡村文化是中华传统文化的重要组成部分,乡村文化振兴能够充分挖掘传播"乡土中国"蕴藏的丰富文化资源,让全体人民都能接触、享受乡村特有的文化滋养。一方面,乡村文化振兴能够持续繁荣乡村优秀文化。博大精深的中华文明起源于乡村,乡村保存有许多优秀文明成果,乡村文化正是集中体现。乡村文化振兴能够使乡村蕴藏的农耕文化、红色革命文化等优秀文化得到重点建设、持续繁荣,使其在满足人民多样化、多层次、多方面的精神文化需要中发挥更大价值。另一方面,乡村文化振兴能够有重点地剔除传统文化糟粕和外来腐朽思想,构建乡村文化传承与发展的良性循环。乡村既保留有众多优秀文化,同时,也存续着大量落后文化,如果不对其进行针对性打击,必将对人民精神生活共同富裕产生严重阻碍。乡村文化振兴的一个建设重点,就是逐步铲除乡村落后思想文化及其负面影响,改善农村文化环境和农民精神风貌,从而使乡村优秀文化在传承与发展的良性互动中助力人民精神生活共同富裕的高质量文化供给。

乡村文化振兴是乡村振兴战略中的重要一维,与乡村产业振兴、人才振兴、生态振兴、组织振兴相互交织、融合发展。乡村文化振兴的过程其实也是乡村文化赋能乡村经济社会各领

域全面发展的过程。具体而言，乡村文化振兴内在包含着对乡村文化资源的挖掘和利用，对乡村基础设施的建设和完善，从而，为乡村旅游等特色产业发展提供有力支撑。乡村文化振兴能够从内部育人和外部引才两个维度推动乡村人才振兴。

乡村文化振兴不是简单的文化生产和传播，能够促进人精神的满足，以及道德、智能等素质的全面提升，从而，培育好乡土人才。同时，乡村文化振兴能够在赋能乡村经济社会各领域的发展中，为各类人才工作生活提供更多机遇、营造更好环境，进而，吸引更多人才参与乡村振兴。

乡村文化振兴在全面提升乡村人口综合素质的过程中，逐步增强人们的环保意识，使农民从思想上认可、接受、践行绿色发展理念，推动乡村整体生态环境改善。乡村文化振兴能够增强基层组织人员的思想认知和实际本领，不断提升乡村组织建设的质量和实效。乡村文化振兴能够推动乡村"五大振兴"在和谐互促中创造更大财富，为人民精神生活共同富裕打牢基础。

乡村文化振兴是我国繁荣发展乡村文化的科学选择，既能有所侧重地推进农民精神生活共同富裕，又能使城乡全体人民同享乡村文明成果，促进全体人民精神生活共同富裕。

可以说，人民精神生活要富裕，乡村文化必须振兴。在中国式现代化新征程中，促进人民精神生活共同富裕，必须用好乡村文化振兴这个重要抓手。

(二) 精神生活共同富裕为乡村文化振兴指明了方向

人民精神生活共同富裕是中国式现代化和中华民族伟大复兴的应有之义。乡村文化振兴作为促进人民精神生活共同富裕的重要举措，必须始终坚持以人民精神生活共同富裕为指引。唯有如此，才能保证乡村文化振兴始终沿正确方向发展，不断满足人民日益增长的精神文化生活需要。

第四章 "千万工程"推进乡村文化振兴

精神生活共同富裕指明了乡村文化振兴的全民性发展方向。精神生活共同富裕不是城市人的专利，也不是哪一部分人的特权，而是城乡全体人民的共建共富。中国式现代化新征程中，推进乡村文化振兴需要以更宽广的视野看待其建设主体和享受主体，更加深刻地认识和践行人民精神生活共同富裕的全民性。在乡村文化振兴的过程中，要充分凝聚各方力量、汇聚各方资源，既要充分调动广大农民的积极性、创造性，也要通过有力措施吸引各类非农人员参与其中。要不断提升乡村文化振兴的全民共建性，切实保障全体人民都能共享乡村文化振兴的成果，避免简单地把乡村文化振兴等同于丰富农民精神生活。固然，乡村文化振兴需要提升农民精神生活水平，缩小城乡居民精神生活差距，但如果从一个更高层面来理解的话，乡村文化振兴具有满足全体人民精神生活需要的特性。

精神生活共同富裕指明了乡村文化振兴的全面性发展方向。精神生活共同富裕在内容上不是抽象的、虚无的，其内容十分全面且具体，由浅入深主要包括人在情感、才能、道德、信仰等四个维度上的全面满足和富有。乡村文化振兴要衔接好精神生活共同富裕的全面性要求，紧紧围绕城乡人民在不同维度的精神发展需要来开展，绝不能脱离人的需求盲目进行乡村文化的生产和供给。具体来讲，乡村文化振兴需要从内容上着重做好以下工作：一是通过优秀传统文化的转化与乡村和谐文化氛围的营造，满足人们的情感需要。二是通过科学文化知识的教育普及，满足人们的才能提升需要。三是通过社会主义核心价值观的培育弘扬，提高人们的道德素质，坚定人们的信念信仰。乡村文化振兴的内容要紧随人民精神生活共同富裕的要求，不断进行科学调整，以全面满足人民的精神生活需要。

精神生活共同富裕指明了乡村文化振兴的持续性发展方向。精神生活共同富裕是一个不断积累小胜，以实现最终胜利的渐进式发展过程。精神生活共同富裕的渐进性，内在要求乡村文化振兴要以科学的态度持续建设。乡村文化振兴过程中一定要规避急于求成的平均主义思想。以乡村文化振兴撬动乡村文化发展，不是不管人民的需求类型而盲目增加文化供给数量，更不是要在短时间内实现城乡及不同区域间文化的平均供给。推进乡村文化振兴，缩小城乡居民精神生活差距，实现全体人民精神生活共同富裕是一项具有艰巨性、复杂性、长期性的事业，要提高政治站位，澄清各种错误认识，树立正确思想观念，坚持精神生活共同富裕的方向引领，依据生产力发展规律和人的全面发展规律持续科学推进，不断促进人们的精神满足。

二、精神生活共同富裕目标下乡村文化振兴的现实困境

在实现全体人民精神生活共同富裕目标的指引下，乡村文化振兴还面临着来自乡村内外部的各类难题，具体来说，主要是优秀传统文化利用不充分、社会主义核心价值观引领不全面、乡村文化振兴的公共投入不足、广大农民的认知待提高等，这些难题构成了乡村文化振兴的现实困境。

（一）优秀传统文化的创造性利用不充分

乡村有大量优秀传统文化未得到充分挖掘、利用和转化，弱化了其对于乡村文化振兴和人民精神生活共同富裕作用的发挥。首先，挖掘利用乡村优秀传统文化的载体保护欠缺。乡村优秀传统文化的挖掘和传承离不开有效的载体，但由于保护不到位，大量传承乡村优秀传统文化的物质载体和非物质载体被毁坏，例如，一些民族村落、特色服饰、乡村歌谣、地方方言等乡村优秀传统文化的载体逐渐流失，制约了乡村优秀传统文化的传承。其次，转化乡村优秀传统文化的氛围不足。广大农民和基层管理者还未全面认识到转化乡村优秀传统文化的价值意义，对于乡村优秀传统文化转化的关注明显不够，进而导致

第四章 "千万工程"推进乡村文化振兴

这方面的人财物投入欠缺，相关制度设计、政策措施建设落后，未能营造出转化乡村优秀传统文化的良好氛围。最后，创新乡村优秀传统文化的方式落后。在形式上，对于乡村优秀传统文化的发展还主要停留在保护层面，且在保护内容上未有效做到"形神兼备"。在内容上，很多地方不能有效推动乡村优秀传统文化与现代新理念、新技术、新领域等实现跨界有机融合，导致乡村优秀传统文化的发展缺乏丰富性和精品内容。

（二）社会主义核心价值观的价值引领还需加强

社会主义核心价值观融入乡村文化振兴不全面、不充分，阻碍了乡村文化振兴促进人民精神生活共同富裕的价值实现。一方面，社会主义核心价值观融入乡村文化振兴的引领力有待提升。社会主义核心价值观的具体凝练仅24个字，要想使人们在乡村文化生产和供给的全过程自觉坚持社会主义核心价值观的引领，需要以科学的宣传让人们吃透弄懂社会主义核心价值观的核心要义。但当前广大农村地区宣传阐释社会主义核心价值观的方式还较为抽象，对于结合农村实际和农民需要的力度不够，同时，新媒体、互联网等现代科技在提升社会主义核心价值观融入乡村文化振兴的引领力上未能发挥应有价值。另一方面，社会主义核心价值观融入乡村文化振兴的环境有待改善。由于城乡发展差距依然存在，乡村大量较高素质的年轻劳动力外流，乡村常住人口老龄化水平高、受教育程度低，理解社会主义核心价值观的能力较弱。现代新媒体在便利文化、信息传播的同时，也使各类落后腐朽文化有机会在乡村快速传播，消极的文化氛围阻碍了社会主义核心价值观融入乡村文化振兴，弱化了社会主义核心价值观的价值引领作用。

（三）乡村文化和精神文明建设的公共投入不足

乡村文化和精神文明建设的公共投入不足是限制乡村文化

振兴,制约人民精神生活共同富裕的重要因素。乡村文化振兴需要不断加大公共投入,以建设更好的基础设施,营造更好的发展环境。乡村文化振兴的公共投入不足,致使城乡居民精神生活发展差距缩小的进度缓慢。乡村文化振兴的公共投入不足,体现在以下三个方面:一是基础设施建设欠缺。在数量上,乡村文化振兴的基础设施不足,与城市人均水平差距较大,在质量上,乡村文化振兴的基础设施使用感受、维护水平有待提高。二是人才投入不足。专门组织乡村文化振兴的地方管理人员投入不够,同时,主动参与乡村文化振兴的社会人才不足。三是政策措施制定不完善。由于人员和精力投入不充分,乡村文化振兴的各项机制、措施还不够科学。例如,引入社会资本推动乡村文化市场化建设的政策效力还有待提升。

(四) 广大农民对相关建设的主体认知有待提高

广大农民对乡村文化振兴和精神生活共同富裕的整体认识还不全面、不科学,削弱了农民在乡村文化振兴中主体作用的发挥,滞缓了全体人民精神生活共同富裕的实现。农民综合素质相对较低,制约了自身科学认知的形成。一方面,广大农民不能准确把握其在乡村文化振兴和农民农村共同富裕中的主体地位。很多农民没有认识到乡村文化振兴必须重点依靠广大农民的共同努力才能实现,还秉持着公共建设完全是政府的事的错误认识,在自身物质文化发展上甚至还存在着"等靠要"的不良习气。另一方面,广大农民还未充分认识乡村文化振兴和精神生活共同富裕的重要价值、科学内涵,还不能科学把握"乡村振兴"与"乡村文化振兴""乡村文化振兴"与"人民精神生活共同富裕"之间的内在关系,在乡村文化振兴过程中不知如何科学有效地发力,因此,难以发挥应有的主体价值。

三、精神生活共同富裕目标下乡村文化振兴的路径选择

乡村文化振兴需要始终不渝地锚定人民精神生活共同富裕的目标，从强化根本政治保障、激发传统文化活力、强化社会主义核心价值观引领、加强公共文化建设投入、提升农民认知等层面持续发力、久久为功。

（一）党建赋能

筑牢乡村文化和精神文明建设的政治保障做好"三农"工作，促进乡村文化振兴，实现人民精神生活共同富裕，关键在党，根本在党。中国共产党是人民群众的"主心骨"。促进乡村文化振兴，满足人们的精神生活需要，必须搞好基层党组织建设，充分发挥基层党支部的"战斗堡垒"作用。基层党支部要持续提升组织建设水平，提升党员发展水准，科学识别和吸纳优秀人才，特别是把那些在乡村文化振兴中能发挥带领作用的人才吸纳进党组织，为其发挥更大作用提供广阔平台和有力支持，从而，在乡村文化振兴与组织振兴的有机统一中全面满足人们的精神生活需要。基层党支部要坚决贯彻落实党中央关于乡村文化振兴的各项安排部署，并结合地方实际，有重点、有针对性地制定各项具体措施，确保党发展人民精神文化生活的好政策能够在基层实践中不走形、不变样。同时，基层党支部要切实组织好乡村"五大振兴"互促发展，既要不断提升广大农民的物质生活水平，也要抓好农民的精神文化建设，促进农民精神生活共同富裕。广大基层党员干部在乡村文化振兴中要勇做表率，发挥好模范带头作用，带领广大农民增强学习意识，提升科学素养，主动抵制文化糟粕和腐朽思想，鼓励大家通过共同奋斗共建美好家园，共享幸福人生。

(二) 创新发展

激发中华优秀传统文化迸发更大活力，弘扬乡村优秀传统文化是乡村文化振兴的必然要求，是实现人民精神生活共同富裕多样化文化供给的必然选择。首先，做好乡村优秀传统文化的传承和保护。强化制度设计，完善乡村物质文化遗产和非物质文化遗产保护名录，切实保护好乡村优秀传统文化的载体平台。对于乡村优秀传统文化的传承，要尤为注重深层次精神内涵的挖掘和提取，例如，传承好"讲仁爱""天人合一"等促进人与人、人与自然和谐共生的思想精华。其次，营造更加科学有序的乡村优秀传统文化创新氛围。制定更加规范的政策法规和创新体制机制，促进广大农民和非农人员共同参与乡村优秀传统文化的创新发展。依托高等院校、科研院所，积极成立研究发展乡村优秀传统文化的科研组织，从乡村优秀传统文化的多样内涵、研究视角、表达样式等多维度进行创新。推动乡村文化创新发展的市场化建设，加速乡村特色文化产业发展，为乡村文化创新发展增添新动能。最后，运用现代科技激发乡村优秀传统文化的发展活力，不断提升乡村优秀传统文化的传播力、表现力和感染力。找准现代科技推动乡村优秀传统文化发展的着力点，充分运用互联网技术、5G 技术、虚拟现实技术，以及各类新媒体平台，推动乡村优秀传统文化的展现方式、传播形式不断实现新发展，使其更接地气、更符合新时代人民精神生活需要。

(三) 强化引领

社会主义核心价值观融入乡村文化建设全过程，社会主义核心价值观决定着乡村文化的性质。推动社会主义核心价值观全面融入乡村文化振兴，增强社会主义核心价值观的引领力，能够切实提高乡村文化振兴的质量和效率，强化对人民精神需

第四章 "千万工程"推进乡村文化振兴

要的满足。习近平总书记强调,坚持以社会主义核心价值观引领文化建设。一方面,进一步增强社会主义核心价值观在乡村传播的亲和力、感染力。从整体上化抽象为具体,把社会主义核心价值观形象化,例如,通过电影展播、画报绘制、人物宣讲等多种呈现方式,社会主义核心价值观的宣传更具直观性、感染力。同时,充分调查研究,把握好不同年龄、不同区域、不同工种农民的理解接受特点,采取有针对性的宣传阐释方式,使社会主义核心价值观真正充盈农民生活。另一方面,使社会主义核心价值观贯穿乡村文化生产供给全过程。在乡村文化生产环节,科学对接社会主义核心价值观在个人、社会、国家层面的具体要求,剔除传统文化糟粕,打击腐朽落后思想,发展人民群众喜闻乐见的社会主义先进文化。在乡村文化供给层面,充分保证乡村文化振兴内部的平衡性、协调性,保证全体农民都能深入享受优秀文化成果,切实提升乡村精神文明建设水平,同时,不断扩大乡村优秀文化的辐射范围,满足城乡全体人民的多样化精神文化需要。

(四) 重点投入

进一步加强乡村公共文化建设的综合投入,不断加强乡村公共文化建设的综合投入,是稳固乡村文化振兴基础的重要力量。加快乡村公共文化建设重点投入,能够有力推动城乡公共文化均等化发展,促进城乡人民精神生活差距持续缩小。首先,建立更加完善的乡村公共义化建设机制。乡村公共义化建设综合投入的增加,需要地方多部门共同协作,因此,要建立多部门有机联动的办事机制,使有关乡村公共文化建设的事项责权更明确、推进更有力。同时,建立更规范化的乡村公共文化建设市场参与机制,为社会资本、非农人才助力乡村公共文化发展提供广阔平台。其次,加大乡村公共文化事业发展的财政投入。乡村公共文化事业发展需要依靠政府重点投入,政府部门要加快城乡公共文化均等化推进步伐，逐步增加乡村公共文化建设的财政资金，减小城乡间公共文化建设的财政投入差距，设立专项资金，确保计划用于乡村公共文化建设的资金都能落实到位。最后，加大乡村公共文化事业发展的人才投入。乡村文化建设有其自身的独特性，因此，要投入足够的专业人才参与其中。地方政府内部要作出更加科学的人才调配，确保每个乡村都有擅长文化建设的管理人员负责，同时，地方政府要着力改善乡村发展环境，为乡村振兴人才提供更好的待遇，吸引社会上更多的优秀人才参与乡村文化建设，推动乡村公共文化事业不断发展。

（五）主体发力

不断提升广大农民的综合素养和科学认知，农民是乡村振兴和乡村共同富裕的主体，只有不断提升广大农民的综合素养和科学认知，才能使其在乡村文化振兴中有效发挥作用。2022年12月，习近平总书记在中央农村工作会议上强调，做好"三农"工作，要"全面提升农民素质素养，育好用好乡土人才"。

一是持续组织好乡村普通教育。进一步推动乡村义务教育发展，提高村办小学、乡镇中学的办学质量，保障农村青年儿童都能顺利完成义务教育，推动更多乡村学生接受高等教育。从近处看，以乡村学生为中介，推动广大农民重视学习科学文化知识，从长远看，不断在高质量教育普及中整体提升全体人民综合素养。

二是大力发展农民职业教育。职业教育是当前提高农民综合素质和技能本领的重要手段。要集中更多的人财物资源，依托农业院校、乡村振兴研究机构，推动建立更多高质量的农民职业教育基地，在职业教育中既要重视农民致富本领的提升，更要把党的先进思想、优秀传统文化、时代文化融入其中，全面提升农民的综合素养。

第四章 "千万工程"推进乡村文化振兴

三是组织好乡村文化振兴的宣传推广。以有力的宣传帮助农民把握"乡村文化振兴""精神生活共同富裕"的重要意义、主要内容和实现途径。邀请专家围绕乡村文化振兴,对农民开展持续、全面的教育培训,同时,运用广播、电视开展科学的循环宣传,特别是利用好抖音、微信等新媒体平台进行跨时空的宣传教育,从而,真正提升农民综合素养,强力推进乡村文化振兴,持续促进人民精神生活共同富裕。

农业农村现代化是中国式现代化的必然要求,乡村文化振兴和农民精神生活共同富裕是农业农村现代化的重要方面。在中国式现代化新征程中,乡村文化振兴面临着许多复杂挑战,要始终坚持好人民精神生活共同富裕的目标引领,从强化根本政治保障、激发传统文化活力、强化社会主义核心价值观引领、加强公共文化建设投入、提升农民认知等层面,协同发力、久久为功,既要有重点地不断丰富农民精神生活,又要使乡村文化振兴成果惠及全体人民,助力全体人民精神生活共同富裕。

第三节 发展农村精神文明建设,强化文化基础设施建设

近年来,在乡村振兴战略下,我国大力推进农村精神文明建设,全方位提升农民的思想道德素质,强化文化基础设施建设,农村文化生活再上新台阶,农民精神风貌焕然一新。在全面建成小康社会这一新生活、新奋斗的起点,我国拥有了实现新的更高目标的雄厚物质基础,正在续写全面建设社会主义现代化强国新征程,这需要更加注重农村精神文明建设工作,时刻保持高昂的热情和坚定的意志克服新困难、新挑战,让农村精神文明建设在乡村振兴战略中发挥基础性奠基作用,高质量完成农村精神文明建设课题。

一、农村精神文明建设的重大意义

(一) 全面推进乡村振兴战略的内在要求

对新时代激发乡村振兴内生动力提出了明确要求,明确了"产业兴旺、生态宜居、乡风文明、治理有效、生活富裕"的乡村振兴战略总要求,乡村振兴是包含文化振兴的全面振兴。新时代,习近平总书记高度重视社会主义精神文明建设工作,多次在讲话中强调社会主义精神文明建设的重要性,尤其要重视农村思想道德建设,要做好推动良好乡风民风村风形成工作。实施乡村振兴战略,主阵地就在农村,发力点也在农村。在全力发展经济的同时,绝不能忽视农民的精神文化需求。

(二) 满足人民对美好生活需要的时代诉求

当前,我国社会主要矛盾已转化为人民日益增长的美好生活需要和不平衡不充分的发展之间的矛盾。解决好农民在发展中的矛盾事关国家发展大计,在全国农村经济发展态势向好的形势下,农村精神文明建设方面收效不足,一些地区忽视文化事业发展,文化建设进展缓慢,现实生活中农民的物质世界同精神世界建设矛盾突出。因此,现阶段解决我国社会主要矛盾的先手棋之一应是有效开展农村精神文明建设工作。党和国家高度重视农村精神文明建设,制定相关政策法规,乡村振兴战略也对农村精神文明建设提出新要求,中央一号文件多次对农村精神文明建设工作进行专题部署,以及出台的《中国共产党农村工作条例》《中华人民共和国乡村振兴促进法》等法律规章制度都对农村精神文明建设提出了明确要求。由此可见,农村精神文明建设始终是党中央重点部署、强力推进的重点工作。现阶段,只讲物质生活需要显然不能真实反映农民群众的愿望和要求,加强农村精神文明建设,整体提升农民群体的思

第四章 "千万工程"推进乡村文化振兴

想道德境界,激发农民爱国、爱党、爱社会主义的情感,增强文化自信,鼓舞农民重视自我道德建设,丰富自我精神世界,升华价值追求。因此,坚持把乡村文化发展和农民思想道德素质提升作为着力点,聚焦农民群众美好生活需要,因地制宜、因势利导、守正创新,是解决现阶段主要矛盾的关键所在。

(三)全面建设社会主义现代化国家的必然要求

党的二十大报告提出"中国式现代化是物质文明和精神文明相协调的现代化。物质富足、精神富有是社会主义现代化的根本要求。"加强农村精神文明建设,有助于全面构建社会主义现代化国家。我国作为农业大国,农村基数较大,农村人口占全国总人口的绝大多数,因此,农业、农村、农民问题历来成为我们党执政建设的重要所在,深刻影响着中国特色社会主义现代化建设进程,全面建设社会主义现代化国家新征程中,必须清醒地认识到最艰巨最繁重的任务依然在农村。建设新经济发展格局,国家战略重点在扩大内需,要敏锐抓住农村广阔的发展空间,农村人口多,需求市场广阔,扎实推进乡村产业、人才、文化、生态和组织的振兴,加强农村城镇互通交融,实现城镇乡村间的良性大循环,形成畅通城乡经济循环的新局面,充分挖掘国内循环的潜力,加速农业经济文化和社会治理体系发展,培育全面发展的新农人,建设全面振兴的新农村。新形势下,在农村开展社会主义核心价值观宣传教育,开展听党话、感党恩、跟党走宣传教育,严抓农村精神文明建设工作,对于育新风、开民智、聚民心等发挥重要作用。加强农村精神文明建设,能够有效提升农民群体的国家情怀、爱党爱国情感,以及崇尚品德热爱生活的道德境界,真正做到乡村精神文化生活丰富多彩,村风民风淳朴向上,农村整体发展态势向好,农村精神文明建设工作做细做实,做出成效,助力全面建设社会主义现代化国家。

二、农村精神文明建设的实施路径

推进农村精神文明建设，促进乡村振兴，要坚持守正创新思维，从实际出发，因地制宜，凝聚人心，汇聚多方力量，加强政策支持和机制保障，提升农村基层干部工作热情，激发农民群体的自信心和创造力，促进农村精神文明建设工作更上新台阶，取得新进展，有效推动乡村振兴战略的实施。

（一）农民主体基层党组织主导作用的有效发挥

"乡村问题的解决，天然要靠乡村人为主力"。要充分发挥农民主体作用，激发农民积极性，提高农民的参与意识，高度重视农民群众物质文明和精神文明相协调发展。

精神文明建设要从帮助农民解决现实问题出发，要同农民群众关心的经济利益相结合。不同地区根据实际农耕情况适时开展农学教育，组建学习班，鼓励动员乡镇村常驻务农人员参加学习班，用最新的农学思想武装农民头脑，学习使用最先进的农业工具，提升农民农耕技能，增加农民经济收入，在解决富口袋的基础上，积极引导农民群众把更多精力转移到精神文明建设上，提升精神文化追求，激发农民建设精神文明的内生动力。鼓励和支持农民自发开展健康有趣的文体活动，村镇政府给予资金支持，鼓励全村全员参与，协助活动的有效开展，引导农民清楚自身在建设农村精神文明中主人公地位，让农民自发自觉参与精神文明建设，争做新时代新农人，这无疑为农村精神文明建设提供坚实的基础保障。

强化基层干部教育，提升思想引领力。农村基层党组织是党中央"三农"政策的执行者和落实者，更是引领农民思想文化进步的先锋队。基层领导干部需要不断加强理论学习，积极克服消极懈怠、脱离群众的危险思想，始终坚持群众观点和群众路线，要严格贯彻经济发展和精神文明建设"两手抓，

第四章 "千万工程"推进乡村文化振兴

两手都要硬"的方针。一方面,要加强对农村不良风气的"严打"和"整肃",采取有力措施,严厉打击各类不良风气,促进移风易俗工作深入发展。另一方面,要改变落后的指导思想,基层干部要把精神文明建设的软任务做实做硬,保持思想和行动的一致性,做精神文明建设的排头兵、领头雁,争做先锋模范,发挥榜样示范作用,以社会主义核心价值观引领群众,以社会主义先进文化教育群众,激发群众建设主动性,凝聚农村精神文明建设共同体意识,重视生活中精神文明教育资源的开发。

(二) 留住本地人才,吸引外来人才

留住农村本地人才,是提升农村精神文明建设的重要举措之一,本地人才对家乡建设具有较强的情怀。各级领导干部要紧密联系,根据实地调研结果开展招商引资活动,充分预留出广阔的发展空间,积极动员在外务工人员回家乡创业,营造良好就业氛围,给农民创造在家门口让腰包鼓起来的有利条件,提升农民群体工作积极性和主动性,引导农民追求更高层次的精神需求,为农村精神文明建设塑形。要高度重视模范引领作用,发展和培育当地文化带头人,采取激励政策,让其始终拥有积极的工作热情,参与农村精神文明建设,鼓励支持特色文化活动的创办,给民间手艺人提供展示平台,实现文化的创新性发展。同时,充分发挥先进典型模范的激励、引导作用,从整体上营造良好的社会氛围,使精神文明入脑入心,营造争当文明、积极向上的文化氛围。

如何有效吸引优秀人才进驻农村谋发展,是实现乡村振兴,提升农村精神文明建设成效的另一重要举措。要打破人才流通壁垒,打通技术、智力和治理人才下乡通道,打造城乡、区域、校地之间人才流通平台,为农村人才引进问题提供新路径。一方面,制定对口援建政策,鼓励高等院校和科研院所及

高技能人才定期服务援建乡村，注重在农村网络精神文明建设中，充分发挥网络专家的引导作用，健全农村人力资源开发体制，发挥科技人才队伍的支撑功能，强化农村网络文化和精神文明建设。另一方面，充分发挥地区特色优势，地方村镇政府扎实做好宣传招商工作，吸引成功企业家和各界优秀人才下乡投资兴业，发展农村经济，加强交流最新的、健康的精神文明思想，提升农民群众更高水平的精神价值追求，建设新时代美丽、和谐、文明的新农村，以农村精神文明建设为乡村振兴注入活力。

（三）强化政策保障和体制机制创新

国家大政方针政策的实施是农村精神文明建设取得成效的重要保障。在国家政策的指导下，以共同富裕路线图为依据，将乡村振兴与农村精神文明建设有机结合，从人力、财力、物力等方面全面推进农村精神文明建设。各级政府部门要在国家政策导向和保障机制支持下，让农村发展能够吸引人才、留住人才，助力乡村振兴。一方面，农村精神文明建设是一项公益惠民工程，因此，各级地方财政统筹计划是农村精神文明建设取得成效的另一重要保障，在财政资金划出专项用于农村精神文明建设的基础上，地方政府要深入挖掘多渠道筹集资金，创新融资方式，引进民间资本，提高对文化发展的资金支撑，尤其侧重相对贫困地区发展，在经费上倾斜支持。另一方面，发展资金的利用应坚持灵活、有实效原则，要对农村现有文化资源合理开发利用，构建农村精神文明建设的长效机制，促进农村精神文明建设的内涵式发展。

健全完善农村基层党组织工作考核机制。在乡镇，要落实好精神文明建设领导小组、各成员单位的职责，健全管理机制，完善保障措施。一方面，在基层党组织机构，要成立专门的精神文明工作小组，管理标准化，将精神文明建设任务分解到具体人,权责分明,实行责任制。另一方面,要建立行之有效的监督评价体系,压实乡镇各级纪委的监管职责,改进和创新评价手段,坚持系统性思维,在考核方式上要改革旧有标准,不断丰富完善考核机制,把社会政治经济发展、精神文明建设等内容纳入政绩考核范畴,进行综合全面性评价,把精神文明建设的"软任务"变成"硬约束"。建议健全激励机制,评优奖优,把促进农村精神文明建设、推进乡村振兴作为任用干部的重要参考凭据,鼓励优秀的基层党组织成员当好排头兵、领头雁,在农村精神文明建设中发挥积极作用,推动乡村振兴战略的实施。

第四节 "三农"视频传播助力农耕文化提升

一、"三农"视频中农耕文化对乡村振兴的影响

(一)深入挖掘农耕文化的价值

通过研究"三农"视频中的农耕文化,可深入挖掘农耕文化的价值,有助于更好地传承和发扬农耕文化,为乡村可持续发展提供动力。应该重视农耕文化的传承和发展,将其与现代科技相结合,为农业生产、乡村建设提供更加科学、可持续的方法和思路。同时,也应该加大对农耕文化的宣传和教育力度,让更多的人了解和认识农耕文化的价值。

(二)丰富"三农"视频的内容和形式

随着科技的发展,互联网已经成为人们获取信息的主要渠道。在众多视频内容中,"三农"视频以其独特的魅力和吸引力,逐渐成为人们关注的焦点。

研究"三农"视频的制作和传播,可以丰富其内容和形

式，提高其吸引力，这有助于扩大"三农"视频的影响力，让更多人了解和关注乡村生活和农业生产。

(三) 为乡村振兴提供文化支持

随着科技的进步和互联网的普及，"三农"视频作为一种新型的文化传播形式，正在为乡村振兴注入新的活力。通过研究和传播农耕文化，可以为乡村振兴提供有力的文化支持，这有助于提升乡村的软实力，促进乡村经济发展，实现乡村社会的全面振兴。

(四) 提高公众对农耕文化的认识和关注度

随着互联网的普及，"三农"视频逐渐成为传播乡村文化、促进乡村振兴的重要渠道。其中，农业文化作为乡村文化的重要组成部分，对乡村振兴具有重大影响。研究"三农"视频中的农耕文化，可以提高公众对农耕文化的认识和关注度。这有助于保护和传承优秀的农耕文化遗产，促进乡村文化的繁荣发展。

二、"三农"视频的作用和价值

(一) "三农"视频的作用

随着互联网的普及和信息技术的快速发展，视频已经成为人们获取信息、娱乐休闲的重要方式之一。

在乡村振兴战略下，"三农"视频的作用和价值更加凸显，为农村经济发展、文化传承和农民生活改善注入了新的活力，也为走近农村、了解农民、从农业获取资源提供了便利。"三农"视频为服务乡村振兴战略提供借鉴，为响应国家乡村振兴战略，拍摄的《扶贫周记》《脱贫大决战》等电视节目，丰富了"三农"视频的内容。"三农"视频是了解国内农村生

第四章 "千万工程"推进乡村文化振兴

活的窗口,也是拓展农村市场和需求渠道的窗口。分析"三农"视频在农村的传播价值,可以指导乡村振兴战略。

(二)"三农"视频的价值

"三农"视频通过展示农村的美丽风光、特色农产品、手工艺品等,吸引了更多人的关注和了解,为农村经济发展带来了新的机遇。短视频中所展现的农村美景,甚至一些偏远地区,通过短视频的宣传推广,很多成为网红打卡地,农村的优质产品得以走出大山,走向全国乃至全世界,进一步拓展了销售市场,提高了农民收入,推动了农村旅游业的发展,促进了基础设施的建设,加速了旅游产业的形成。还有一些通过电子微商开始销售农产品,进一步推动农村经济发展。

"三农"视频不仅展示了农村的物质文化,还通过记录乡村生活、民俗风情、传统技艺等,传承了乡村文化。这些短视频让更多的人了解和认识乡村文化,增强了乡村文化的自信和认同感,为乡村文化的传承和发展提供了新的途径。"三农"视频的兴起,为农民提供了一个展示自我、分享生活的平台。农民可以通过短视频展示自己的才艺、分享生活点滴,增加与外界的交流和互动,提高生活品质。同时,短视频也为农民提供了更多的就业机会和增收渠道,进一步改善了农民的生活条件。

"三农"视频是乡村振兴战略实施的重要手段之一。通过短视频的宣传推广,可吸引更多的人才、资金、技术等资源向农村流动,推动农村产业升级、生态宜居、乡风文明、治理有效、生活富裕的实现,助力乡村振兴战略的实施。目前,乡村振兴战略的一个关键目标是加强中国农村电网基础设施建设。短视频的好处还可以扭转中国农村电网基础设施建设,并继续实施乡村振兴战略。除此之外,"三农"短视频的传播,也有助于提升国家形象和文化软实力。通过展示中国农村的美丽风

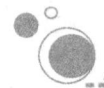

光、特色文化和传统技艺等,可以增强国际社会对中国文化的认知和认同,提高中国的国际影响力和竞争力。

(三)"三农"视频有力地传播了农耕文化

自媒体短视频作为一种新兴的传播方式,通过短小精悍的形式,以真实、生动、有趣的方式记录乡村生活的点滴,展现了农耕文化的深厚底蕴。它们通过镜头记录下农民们的辛勤劳动,展现乡村风光的美丽,让更多人了解和欣赏乡村文化,也将乡村农耕文化的内容传递给观众。这种形式更符合现代人的阅读习惯,能够迅速吸引观众的注意力,增强信息的传播效果。

自媒体短视频还具有互动性和分享性,观众可以通过评论、点赞和分享等方式参与互动,进一步扩大了乡村农耕文化的传播范围。观众可以将自媒体短视频分享给其他人,将乡村农耕文化传播给更广泛的群体。

农耕文化是中国传统文化的重要组成部分,涵盖了丰富的农业知识、农村生活方式、传统农耕技艺和农民的价值观念等。随着数字技术的发展,"三农"视频在乡村农耕文化的传播中扮演了越来越重要的角色,这些短视频不仅展示了乡村生活的美丽和农耕文化的独特魅力,还为乡村经济和文化发展注入了新的活力,通过"三农"自媒体短视频的传播,农耕文化得以展示和传承。

对于乡村农耕文化的传播研究,可以帮助人们了解自媒体短视频在传承和弘扬传统文化方面的作用。

通过研究自媒体短视频的传播策略、内容特点和观众反馈等,可以揭示自媒体短视频对乡村农耕文化传播的影响与效果。这有助于指导农村文化传承的工作,进一步挖掘和发展乡村农耕文化资源,促进农村文化的创新与发展。此外,传播研究还可以为保护和传承乡村文化遗产提供借鉴和启示。通过深

第四章 "千万工程"推进乡村文化振兴

入研究乡村农耕文化的传播过程和机制,可以制定相关政策和措施,保护和传承乡村农耕文化的独特价值。这将有助于促进乡村地区的可持续发展,推动农村经济的繁荣和乡村社会的进步。

总之,"三农"短视频在乡村振兴战略下发挥着重要的作用和价值,不仅可以促进农村经济发展、传承乡村文化、改善农民生活,还可以推动城乡融合发展、助力乡村振兴战略实施、提升国家形象和文化软实力。

因此,应该加大对"三农"短视频的创作和传播力度,让更多的人了解和关注农村的发展和变化,为乡村振兴战略的实施贡献力量。

三、提升"三农"短视频传播的策略

"三农"短视频的快速发展,唤醒了大众对乡村文化的兴趣,为新时代乡村文化的活力贡献了力量。然而,这次潮流背后存在的问题是不能忽视的,影响"三农"短视频在农村地区传播的因素有内容质量的差异性、讲故事的同质化方式、故意制造的"模仿"场景、视频内容不佳、资本干预等,"三农"短视频要担负起传播乡村形象、讲好乡村故事的重要责任,任重而道远。

(一)提高农民群体的媒介素养,鼓励优质内容

政府和社会各界专家要积极引导和科学扶持发展,鼓励农民成为"三农"短视频的创作者;每个领域的专家都可以为短视频创作者提供培训和文化教育,以提高短视频创作者的素养,以及他们在视频内容的质量保证和连续制作方面的专业知识。同时,短视频平台需要不断提升验证能力,完善对优质内容的激励机制。例如,抖音短视频的"新农人计划"为优质内容创作者提供亿级流量资产支持、定制化运营培训、商业变

现工具使用指导。

(二) 植根乡村优秀文化,生动传播乡村图景

短视频的关键是"农业",短视频的创作者必须向观众展示一张基于"三农"的农村原始照片。依靠5G技术、农产品、农业收割、农村粮食生产等过程在不同时间进行高清直播,减少了剪辑技术的过度干扰,呈现了原汁原味农村生活的生态状况。中国社会是"乡土性"的,是在"土壤"的基础上发展起来的,它植根于乡村的文化形态,在农村的建设和发展中发挥着重要作用。"三农"短视频是现代社会对乡村传播的通俗辩护,要根植于乡村文化,带动其敬老爱幼、睦邻友好、勤劳朴实的美好品格,精彩地传播新时代之美,增强自信心和乡村文化认同的乡村景观。

(三) 发挥作为知识的媒介功用,缩小城乡认知差距

社交媒体平台是"三农"短视频传播的重要渠道。

在传播过程中,可以利用多个社交媒体平台进行推广,如微博、抖音、快手等。同时,也可以通过合作一些知名的博主或网红进行推广,来提高视频的曝光率和关注度。短视频作为一种媒介,具有传播知识的功能,抖音平台上的"三农"短视频主要以分享生活为主,内容主要介绍农业生产技术,传播的农村知识相对较少。

随着互联网技术的普及,乡村逐渐向"数字乡村"转变,使用短视频平台的农民数量也在逐渐增加。短视频作为知识转移的手段,在农村地区推广农业生产技术和农村知识,发挥着重要作用,应有针对性满足农户对相关知识的需求,有效提高农业生产力和生产效率。从弥合城乡数字鸿沟缩小认知差距的实际需要出发,利用短视频技术传播农村知识,普及乡村文明,可以搭建城乡人口之间的有效桥梁,促进城乡间的信息流

动及知识共享和融合的传播,促进知识传播走向共享和融合。

第五节 乡风文明为乡村振兴奠定文化基础

乡风文明建设是实现乡村振兴的重要灵魂和保障。

一、乡风文明的基本内涵

在古汉语中,"乡风"一词就已出现并被广泛使用。在《史记·三王世家》中,"乡风"有屈从教化之意。在和邦额《夜谭随录·梨花》中,"乡风"有乡村风俗之意。古汉语中"乡风"一词的内涵因时而变、不断丰富。如今,随着人们对建设文明乡风的关注度越来越高,与乡风及乡风文明有关的学术成果也越来越多,学者们对乡风和乡风文明的内涵也都有各自的理解。董欢认为,从社会学角度看,乡风是由自然条件的不同或社会文化的差异而造成的特定乡村社区内人们共同遵守的行为模式或规范,是特定乡村社区内人们的观念、爱好、礼节、风俗、习惯、传统和行为方式等的总和,其在一定时期和一定范围内被人们仿效、传播并流行。乡风文明是一个自然的、历史的演进过程,体现的是一种健康向上的精神风貌。徐越认为,乡风就是乡土风俗,主要指人们在乡村物质生活和精神生活过程中形成的风尚和习俗或是价值观念、生活方式、风土人情等。乡风文明的核心要义或本质就是农村精神文明,内容涉及了文化、法制、风俗、社会治安等多个方面。不同学者解读的角度不同,对内涵的理解也各不相同。

乡风可以理解为农村的风俗、风气、风貌,是农村文化、习俗、道德等的集中体现,其反映了农村整体精神风貌;文明表现为社会发展进步的状态。乡风文明内涵主要包括村民整体道德素养较高,坚持正确的价值观念和信仰,农村优秀文化繁荣发展,社会习俗不断革新等方面。乡风文明建设就是有目的、有组织、有计划地为建设文明乡风采取一系列具体措施；主要是在农村经济发展、现代化水平提高、基础设施完善、人居环境优美等基础上，尊重农村原有的优良乡风，充分发挥基层党组织、政府、村民等的作用，挖掘并传承当地优秀文化，摒弃农村陈规陋习，提高村民道德素养，从而展现农村良好精神风貌。

二、新时代乡风文明的特征

乡风文明是农村社会特有的，历史悠久的文明形态，新时代乡风文明建设是一项复杂艰巨又长期的重要工程。深入探索并全面把握乡风文明的重要特征，能够更深刻地认识文明乡风，提高建设文明乡风的成效。

（一）层次性和整体性的统一

乡风文明是一个多层次的复杂整体，建设文明乡风更是涉及农村经济、政治、文化、教育、风俗等各方面工作。从不同层面能够更直观准确地把握乡风文明的内容，更清晰完整地认识乡风文明，如从乡风文明呈现形态角度，可以分为物质层面、精神层面和制度层面。

物质层面是指乡风文明通常表现在农村公共设施、村容村貌、教学设施、墙报彩绘、宣传标语等看得见摸得着的客观物质上，这些是最能直观具体地表现文明乡风的方面，只要走进乡村，就能通过它们真实感受当地乡风。所以，客观物质是文明乡风的重要呈现载体。精神层面是指农村广大农民群众的精神风尚、思想道德、价值观念等，这些是文明乡风最核心的表现，精神层面影响和制约着乡风文明发展的物质与制度层面。制度层面是指农村的制度规章，其包含约定俗成的和明文规定的两个方面，如农村习俗属于约定俗成的方面、村规民约属于明文规定的方面。这些规章、制度和标准具有鲜明的乡村特色，规范村民的言语行为，是文明乡风的重要载体，为实现乡风文明提供制度保障，在文明乡风建设中发挥着重要作用。

乡风文明的层次性反映了不同的层次结构和多维向度。既要全面理解并重视乡风文明的层次性，还要注重乡风文明是物质、精神和制度等层面协调统一的有机整体。因此，在建设文明乡风过程中，既要把握乡风文明的层次性，协调物质、精神、制度等各方面的内容，避免出现急于求成、有头无绪等情况；又要注重乡风文明的整体性，充分考虑各层次相互之间的制约、协调关系，坚持整体规划和统筹推进，以免出现轻视、遗漏、忽视、缺失某部分等厚此薄彼、失之偏颇的现象，使各层次有机统一、和谐发展，扎实有效地推进乡风文明建设。

（二）乡土性和现代性的统一

乡风是在特定的乡土基础上形成与发展，集中表现为特定的村落文化，并有深深的乡土烙印。反之，离开乡土条件与环境，乡风便难以建设、维系和发展。不同地区的文明乡风反映不同的民族特征、地域特色与风格。我国幅员辽阔，各农村地区的习俗、传统、条件与状况大有不同。保持乡风文明的乡土性对建设文明乡风尤为重要。近年来，各地的具体实践充分证明，只有从当地环境、习俗、风尚出发，才能更科学、合理、高效地深挖各地宝贵资源，更准确地发挥各地人文地理优势，最大程度地调动广大农民群众的热情，激发广大农民群众的创造性和主动性，只有真正承认差异、尊重差异，才能更鲜明地彰显各地文明乡风的特色，彰显社会主义新农村文明乡风的魅力、多彩与活力。因此，在建设文明乡风过程中，要坚持乡风文明的乡土性，保留当地优良的民族传统与淳朴的乡土气息，从各地乡土特色出发，坚持多样化的发展方式，在特定乡土环境中培育、传承、积淀和发展各地文明乡风，让各地文明乡风异彩纷呈。

文明乡风既反映优良的乡土传统，又体现时代的发展要求。想要真正理解新时代文明乡风，就要准确把握乡风文明的乡土性和现代性，在乡风文明建设中因地制宜地体现乡土特色与风格，因时而变得体现新时代的发展要求，这既遵循了乡风文明的内在规律，又满足了广大农民群众的期盼，是建设文明乡风之明智选择。在建设文明乡风过程中，一方面，要杜绝一切强制性方式，避免通过任何形式搞"一刀切"，防止一个模板、一种套路，真正考虑各地资源、环境和条件的独特性与差异性，结合各地具体实际，凸显当地乡土特色。另一方面，要以社会主义核心价值观和新农村建设总目标为指引，以乡风文明的现代性要求为导向，精准、灵活地把握新时代文明乡风建设的方向，坚持以人为本，充分尊重当地农民群众需求与意愿，鼓励大家积极参与，让新时代乡风文明之花开遍祖国各地。

（三）继承性和发展性的统一

乡风文明不是僵化的固定不变的，而是在继承中不断发展完善的。继承是发展的基础，发展是继承的必然要求。乡风文明的内容集中反映特定历史阶段农村的历史文化和社会习俗等方面。继承性是乡风文明的重要特征之一，乡风文明的继承性是以乡风的历史内容为重要基础，对农村的历史传统、文化风俗等既不全盘肯定、全盘继承，又不全盘否定、全盘摒弃，而是取其精华，去其糟粕，自觉舍弃其中的落后成分，有选择地继承农村优秀文化、习俗。沿用以往乡风文明发展的重要成果和进步做法，对以往的优良内容进行传承并深刻钻研，将其与当前时代的具体实际相结合，以正确态度对待农村当地的历史文化、传统习俗等，在继承的基础上不断突破、不断创新，从而能够充分展现中华民族传统风俗、习惯、文化等的宝贵精髓，大力弘扬民族精神，以正确方向为指引更好地建设社会主义新农村的文明乡风。

第四章 "千万工程"推进乡村文化振兴

乡风文明与时俱进，在实践中不断积淀丰富、发展完善。发展阶段不同，乡风文明的内容要求也会有所不同。时代不断发展，为乡风文明源源不断地注入新鲜气息。进入新时代，建设文明乡风要充分考虑乡风文明的继承性和发展性，一方面，要总结并批判性地继承传统文化、历史习俗等，不断从中提炼新内容，坚持辩证分析、古为今用，防止出现任何教条和冒进行为；借鉴各地乡风文明建设的进步经验，学习先进理念和优秀成果，为我所用，避免出现任何保守和自满行为。另一方面，要始终坚持以开放的态度和发展的眼光对待乡风文明，应随发展阶段变化而不断制定新目标、提出新要求、完善新内容，充分考虑所处时代的具体实际和发展需求，与时俱进地完善和调整发展方案，以此推进各地乡风文明不断进步，实现大跨越、迈上新台阶、到达新境界，让社会主义乡风文明跟随时代创新发展。

三、乡风文明对乡村振兴的重要价值

乡风文明建设是中国共产党扎实有效地做好"三农"工作的重点任务。乡风文明集中代表村民对幸福生活的向往，是实现乡村振兴的重要目标，也是实现农村稳定和谐的必然要求。推进乡村振兴，离不开乡风文明。

（一）乡风文明是乡村振兴的内在要求

乡村振兴是一项重要的系统工程，离开文明的乡风，乡村振兴的实现就不全面。乡风文明与乡村振兴的各项要求紧密相连，文明的乡风对农村产业兴旺、生态宜居、治理有效、生活富裕都有重要影响。

第一，乡风文明能助力农村产业兴旺。文明的乡风可以为农村产业发展提供丰富的资源，农村可以借助当地风土人情、人文风貌来培育发展第三产业。

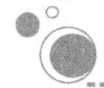

第二,乡风文明是农民实现生活富裕的重要途径。农村可以把文明乡风中的特色文化、习俗与当地产业相融合,赋予当地各类产业、各种产品独具特色的文化内涵,不断创新经济发展方式,推进当地经济发展,有效帮助农民增收致富。

第三,乡风文明有利于实现农村生态宜居。文明的乡风可以潜移默化地改变农民生活习惯和农村社会风俗,有助于农民形成绿色发展的思想观念和低碳的生产生活方式,还能够促进农村建设资源节约型和环境友好型社会。

第四,乡风文明与农村治理有着密切关系。文明的乡风,是有效农村治理的具体表现。充分发挥村规民约、优良家风家训、道德榜样的作用,有利于农村建立健全德治、自治、法治的治理体系,有利于提高农村治理效率。

(二) 乡风文明为乡村振兴提供道德支撑

近年来,农村地区个别人诚信缺失、思想道德滑坡等现象时有发生,这不仅反映了村民思想道德层面的问题,还关系到农村社会的和谐稳定与发展。一方面,乡风文明可以为乡村振兴营造良好的道德氛围。乡风文明有利于弘扬尊老爱幼、文明礼貌、邻里和睦、互帮互助、团结友善等中华优秀传统美德,引领农村建设文明高尚的道德新风,带动农村形成健康向上的精神风貌,为实现乡村振兴提供道德的肥沃土壤。另一方面,乡风文明有助于提高村民主体的道德素质。文明的乡风可以引导村民在日常生活中树立正确的思想观念,追求更高的道德目标,拒绝各种错误思想的侵袭,为实现乡村振兴构筑思想道德的严密屏障。

(三) 乡风文明为乡村振兴奠定文化基础

"优秀传统文化是一个国家、一个民族传承和发展的根本。"实现乡村振兴,离不开文化的繁荣发展。我国农耕历史悠久，中华优秀传统文化植根于农耕文化。文明的乡风能够促进农村优秀文化的重塑和振兴，为乡村振兴事业的发展创建良好的文化环境。

在乡风文明建设过程中，通过对农村优秀文化的传承、创新与发展，为农民群众提供更多喜闻乐见的文化服务和文化产品，逐渐改变文化发展落后状况，增强文化消费能力，促进当地文化事业和文化产业发展，为乡村振兴奠定坚实的文化基础。

四、乡风文明建设的路径

建设文明乡风是一个长期的过程，不可能一蹴而就，也不能简单地复制模仿，必须从当地的实际情况出发，结合村民的需求特点和美好期待，多方位、多层次、多举措扎实有效地推进乡风文明建设。

（一）加强基层党组织的核心引领作用

党的基层组织是党在社会基层组织中的战斗堡垒，是党全部工作和战斗力的基础。

农村基层党组织深深扎根农村，与农民群众保持着密切联系，在乡风文明建设中起重要核心引领作用。新时代推进乡风文明建设，就要加强基层党组织的核心引领。

1. 引导村民坚持正确的政治方向

多元价值观念冲击着人们的价值判断和价值选择，农村基层党组织要教育引导农民群众牢固树立正确的理想信念，始终坚持党在意识形态领域的领导权，坚持以马克思主义理论为指导，坚持走社会主义道路，进而确保乡风文明建设工作始终沿着正确方向顺利开展。

2. 带领村民积极参与乡风文明建设

农村基层党组织要以农民为中心，充分尊重农民的主体地位，始终代表和维护广大农民根本利益，最大程度地激发农民参与乡风文明建设的自觉主动性，以强有力的组织保障助推乡风文明建设。

3. 充分发挥党员的先锋模范作用

农村基层党组织中每一位党员都要具备非常强烈的责任意识，踏实践行担当精神，主动参与乡风文明建设，充分挖掘自身工作潜能，时刻避免出现不作为、乱作为等问题，努力创新乡风文明建设方案，耐心探索符合当地实际情况的乡风文明建设新思路，培育乡风文明建设新模式。

（二）强化乡风文明建设的基础和保障

1. 要夯实乡风文明建设的物质基础

文明乡风作为一种更高的精神追求，其建设工作的开展需要一定的经济支持。广大农村的基层党组织与政府部门要严格贯彻落实党中央各项强农惠农政策，发展壮大集体经济，充分发挥集体经济内在价值，利用先进技术，创新农村经济发展方式，培育发展农村特色产业和新型产业形态，拓宽发展渠道，完善农村电力、交通、通信等基础设施建设，促进经济发展，帮助农民增收致富。

2. 要加强乡风文明建设的制度保障

从当地发展情况和特点出发，有针对性地出台乡风文明建设相关意见，结合乡风文明建设长远目标，制定系统、全面、合理、有效的制度，为建设文明乡风提供稳定的制度遵循；同时，将乡风文明建设工作任务进行层层细化分解，建立科学完善的乡风文明建设目标考核评价机制，全方位、全过程地保障乡风文明建设工作持久长效。

3. 要提高农村教育的发展质量

在开展乡风文明建设工作过程中，教育是提升村民综合素质的重要途径。要增强学校教师的教学能力，加强教师队伍建设，合理提升教师福利待遇，改善学校教学环境，优化教育资源配置，重视农村基础教育的发展，做好"控辍保学"相关工作，补齐农村教育短板。

4. 要落实乡风文明建设的人才保障

加强人才队伍建设，吸引优秀青年回乡，重视对乡风文明建设领域内专业水平高、业务能力强的优秀干部和进步青年的挖掘，做好专业人员储备，做到确定一批核心骨干、发展一批新生力量、培养一批后备人才，为建设文明乡风提供人才支撑。

5. 要改善乡风文明建设的农村环境

农村要重视道路、住房的规划建设和人居环境的美化维护，践行可持续发展理念，坚持人与自然和谐共生，提升整体村容村貌，为乡风文明建设营造清新、干净、整洁的良好环境氛围。

(三) 坚持村民自治和道德法治教育

1. 坚持村民自治

乡风文明建设要汇集村民群众的力量，大家的事要由大家共同参与、共同讨论，集民智聚民力，鼓励村民群众大胆探索、自主创新，切实把乡风文明建设融入村民日常生产生活实践中；同时，重视团结各类群众性组织，扩大村民议事会、道德评议会、新乡贤参事会、红白理事会等的影响力，发挥其在倡导文明乡风中的积极作用，打造群众性组织协同助力乡风文明建设的典范。

2. 加强村民的道德教育

提升村民道德素质是推进乡风文明建设不可或缺的内容。弘扬优秀传统美德，创新道德引领和道德教化方式，教育引导村民树立正确的思想观念，坚持积极向上的中国精神，从而在农村日渐形成文明道德的优良风尚。

3. 加强村民的法治教育

推进村民法治教育常态化、规范化，增强农村普法实效性、适用性，引导村民树立正确的法治观念，为建设文明乡风提供良好的治安环境、建立稳定的社会秩序。可以采用媒体宣传、案例教育、理论教学等方式，向广大村民普及法律知识，教育村民学法懂法守法，提升广大村民法治素养，让村民学会依靠法律手段处理日常生活中的矛盾纠纷，保护自身合法权益，合理表达自身诉求，推动村民法治教育入耳入脑入心入行。

（四）激发农村优秀文化发展活力

建设文明乡风，必须重视农村优秀文化的重要价值。要结合不断变化的环境条件，考虑村民多样的文化需求，充分展现当地优秀文化的独特优势，有助于优秀传统文化的繁荣发展，以此助推文明乡风的建设。

1. 挖掘农村红色文化资源

中国共产党的百年奋斗历程，在农村留下了宝贵的文化财富，不同地区有不同内容。如革命老区的红色革命精神、红色纪念地等，都是乡风文明建设的宝贵资源。可以挖掘并梳理提炼这些红色文化资源，通过开展一系列宣讲、展览等专题活动对红色文化进行弘扬与传播，扩大红色文化影响力。

2. 创新文化发展方式

有条件的农村地区可以利用自身独特的位置环境、自然资源等，将历史悠久、内容深厚的农耕文化与新时代优秀文明成果相融合进行创造性转化和创新性发展，开发集参观、体验和品尝于一体的农耕文化示范园；利用动画视频、数字展厅等技术对当地农耕文化、特色文化进行创意展示；通过设立专属民俗纪念节日，举办相关庆祝活动，不断提高各类优秀文化的质量与水平。

3. 完善农村的文化基础设施

农村要整合现有的文化基础设施，提高现有设施利用率，最大程度发挥文化基础设施的作用；同时，扩大文化基础设施的覆盖面，解决部分村民距离文化基础设施较远等问题；还可以将当地特有的文化元素融入博物馆、村史馆、百姓舞台、艺术中心、创意乐园、阅读书吧等的修建中，丰富村民的文化生活，为村民提供更优质的文化服务，逐步建设独具文化魅力的新农村。

第六节　坚定文化自信，发挥新媒体传播作用

文化自信是一个国家、一个民族发展中最基本、最深沉、最持久的力量。农耕经济在我国漫长的社会历史变迁中孕育出乡村文化，乡村是乡村文化的重要载体。党的二十大报告提出"加快建设农业强国，扎实推动乡村产业振兴、人才振兴、文化振兴、生态振兴、组织振兴"。乡村文化振兴作为乡村振兴战略实施的重要内容，既要塑形，也要铸魂。随着科学技术的发展，新媒体因其具有实时性与交互性，可以跨越地理界线的特点被广泛运用，中国新媒体行业在战略传播、数字经济、网络治理等方面成果显著、特点鲜明，展现出巨大活力与创新力。探讨新媒体对乡村文化的推动作用，不仅需要看到新媒体给乡村文化振兴带来的机遇，也要结合具体实际，正确认识和解决乡村文化面临的困境，进而推动乡村振兴战略的深入开展，在数字化、媒体化的传播中树立乡村文化自信，激发乡村文化的内生动力。

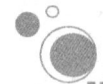

一、新媒体助力乡村文化振兴的机遇

(一) 传播主体大众化

伴随着网络应用的广泛深入,全民传播已经成为新媒体时代主要的传播方式。视频制作门槛的降低不再过度依赖专业的设备和官方的传播渠道,相反,移动终端成为信息传播的主要渠道,这一现象大大降低了创作者生产制作的成本,一部手机和应用成熟的5G网络,就能够实现拍摄与后期的融合。与传统的传播方式不同,新媒体将"麦克风"交到了乡村大众的手中。乡村文化的生产与传播,消费与交换的各个环节也有通过短视频市场涌入的大量的农民群体的积极参与。

(二) 传播内容通俗个性化

乡村文化的传承和发展因以移动短视频为代表的新媒体平台所展现的内容风格各异、题材广泛,以及包含的多元社会文化的特点,迎来了新的机遇和方式。短视频所呈现的农民劳动、生活真实场景,展示出的风土人情、民族才艺等形成一种独有的媒介景观,吸引了部分对其感兴趣的群体开始关注到乡村文化的传承与发展。新媒体通过对大数据的精准推送,能够在短视频等平台将对同一类型感兴趣的群体联系起来,形成社会圈层,从而构建起了虚拟的公共社会空间,通过圈层发力,能够让这一空间中所展现的良好的文化氛围和适合的传播机制,走进大众的视野。

(三) 传播渠道便捷化

时空方面的限制在新媒体时代到来之时被打破。

长期以来,由于时间和空间的阻隔,乡村文化在传播和发展的过程中显现出疲乏无力之势。乡村中更加亲民的信息环境

第四章 "千万工程"推进乡村文化振兴

的产生得益于近年来互联网在农村的普及,以及新媒体技术使用门槛的降低,短视频等新媒体平台的应用,大众能够借助网络快速地对喜爱的内容进行关注、点赞、评论等双向沟通,随时随地使得乡村文化实现实时、远距离、快速地流出,让文化输出形式变为双向传播。通过网络平台和社交媒体,乡村文化可以将传统文化和民俗活动进行展示和传播,例如,前段时间"村超"的爆火。"村超"即"贵州榕江(三宝侗寨)和美乡村足球超级联赛",由当地20支以村为单位自发组建的足球队参赛。自2023年5月13日开赛以来,"村超"凭借着接地气的办赛风格及火热的现场氛围,迅速刷屏网络,让越来越多的人关注到了这一乡村足球文化。除了足球文化,"村超"也为传播当地民族文化提供了良好契机。每到比赛中场休息阶段,足球场就变成了民族文化的舞台,神秘的水族举着自己的文字"水书"缓慢走过;侗族献唱国家级非物质文化遗产侗族琵琶歌。还有村民将自制的草编金牛、金龙、金凤凰等传统手艺搬上"村超",惊艳全场。如今,在互联网语境下,短视频等平台变成了信息生产者和消费者,以及乡村文化内容创作者和乡村文化内容接收使用者的沟通桥梁,用户之间的联系得到了加强,文化信息链得以形成。

二、新媒体助力乡村文化振兴的实践路径

乡村文化振兴关键在人,新媒体的广泛应用为乡村文化传播提供了更多的可能。乡村振兴内生动力的转化,需要加强农村思想道德建设,使乡村优秀传统文化在保护中得以传承和发展,巩固乡村文化的根与魂。

(一)坚定文化自信,发挥新媒体传播作用

文运与国运相牵,文脉同国脉相连。文化兴则国家兴,文化强则民族强。"自信才能自强。有文化自信的民族,才能立得住、站得稳、行得远。"为更好地坚定文化自信，发挥新媒体的传播作用，搭建中华民族现代文明的广阔平台，习近平总书记就文化自信的重大意义、科学内涵和实践要求作出了一系列深刻的阐述，推动乡村文化创造性转化和创新性发展。

1. 文化导向，助力乡村振兴

历史和现实表明，一个国家和民族要自立自强，首先在文化上要自觉自信，文化自信是更基础、更广泛、更深厚的自信。

进入新时代，文化在振奋民族精神、维系国家认同、促进经济社会发展和人的全面发展等方面充分显示出其独有的魅力与作用。必须坚定历史自信、文化自信，坚持古为今用、推陈出新，坚定文化自信，秉持开放包容，坚持中国特色社会主义文化发展方向，坚持守正创新，深入挖掘乡村文化中的优秀资源，在实施乡村振兴战略背景下更好地利用乡村文化的传播和振兴，助推乡村振兴的实现。

2. 主体培育，建设新农人

充分发挥新媒体媒介对于乡村文化建设的推动作用，促进内生动力的生成，就要认识到作为乡村文化振兴的主体，农民媒介素养的提高对于乡村文化建设至关重要。要针对不同群体，如青少年群体、中老年群体、外出务工人员等，开展不同类型、不同层次的媒介素养培训。在农村针对青少年群体开展网络传播教育，引导他们正确使用网络，认识到网络的"双刃剑"特点，防止这一类型的群体沉迷网络，受到不良网络思想的侵蚀。

对于乡村中老年群体，则是采用多帮助、促进步的方法，让他们对媒介有一定的认识，能够正确掌握媒介工具的使用方法，利用新媒体平台看到更加精彩的世界。

要积极倡导在外务工人员，尤其是常年未回家的人员使用媒介，了解家乡近年来的变化，让他们成为乡村文化向外传播的使者，同时也能让这一群体增强对家乡的归属感。要重视文化传承人和村干部的重要作用，为他们发挥自己的优势，传播好乡村文化、讲好乡村故事搭建平台，改善乡村群众在网络传播中的失语状况。

（二）坚守意识阵地，发展新媒体传播渠道

对于乡村文化传播过程中出现的问题，要大力弘扬主流价值观，营造风清气正的乡风乡俗，将民族精神融入到乡村的历史记忆中，引导农民在日常生活中自觉践行社会主义核心价值观，在弘扬积极向上的时代精神中讲述好农村本土的人和事。随着互联网技术的日趋成熟和5G技术的应用，对中华优秀农耕文化进行数字化开发，促成乡村文化融入中华优秀传统文化的系列工程之中，是对优秀传统文化资源的保护性传承和创新性传播的有效手段。

1. 融媒体与自媒体相结合，构建传播矩阵

县级融媒体可以吸收农民自媒体加入融媒体中心，通过酬劳、奖励机制等方式形成大平台包含小平台的形式，激发融媒体与自媒体的活力，以此构建双方受益的传播矩阵，成为乡村文化发声的扩音器。

县级融媒体通过对农民自媒体的引导，使短视频的用途不再仅仅是之前休闲娱乐的"玩具"，更要使其成为乡村群众表达诉求、解决急难愁盼问题、传递民情民声的渠道。通过对乡村村民民主意识的激发，做到正向传播乡村文化，实现乡村群众对乡村文化振兴的自觉参与。

2. 平台发力，加强文化输出

平台应大力构建乡村公共文化生活空间，推动乡村文化传播圈层的形成，增强文化互动认同。乡村公共文化生活空间和

短视频平台发力分享美食美景、民俗风情的同时，也需关注到乡村群体更深层次问题的探讨，要能为当下乡村社会的重点问题表达发声，反映诉求。除此之外，想要加强城乡群体之间的交流，唤起城市群体对于乡村原生态的集体记忆和对自然气息的向往，需要积极突破固有圈层，为城市群体提供乡村文化振兴和乡村建设建言献策的渠道。

（三）坚持问题导向，发扬新媒体监督机制

新媒体助力乡村文化振兴的过程中也面临着一些问题，如传播内容的真实性和传播内容的价值导向性等，在各个平台中不难看出乡村文化的传播内容良莠不齐，以抖音短视频为例，前段时间"张同学"的突然走红让人们跟随着他的视角感受到了东北日常生活中的柴米油盐。有人专门分析他的走红是基于较为专业的拍摄手法，包括运镜、文案的创作、视频的表现力。在大多数人看来，这就是真实生活的投影，可就是这份真实，被"张同学"通过专业的剪辑手法呈现出来，但在他的视频中也出现了骑摩托车不戴头盔、插线板老化、煤炭使用的危险隐患等问题，这些现象被点名批评，所以新媒体在发展乡村文化的过程中是可以起到一定监督作用的。白岩松在评价遭受质疑的李子柒时称其讲好了中国文化，讲好了中国故事。两个人都在记录着中国乡村文化，在这背后透露的正是人们对中华文化的自信，展现了中华文化之美。

与传播乡村文化正能量相比，一些不利于人们正确认识乡村文化和乡村习俗的现象也在通过新媒体平台逐步暴露出来。直播带货作为一种新兴的职业，部分带货人不求"质"只求"量"，这样的后果就是观众对某个群体或者某地产生负面的看法。而就文化传播来看，一些自媒体人在平台中展现的并不是像"张同学"与李子柒那样优秀真实的乡村文化，而是一些低俗、为了博人眼球的不良文化。对于这种不良的文化应该

第四章 "千万工程"推进乡村文化振兴

坚持问题导向,及时发现及时处理,广大网民既是网络生活的参与者,又是网络秩序的维护者,营造风清气正的乡村文化不但需要新媒体的助力,更需要通过新媒体来监督。

遏制违反主流价值观及社会公序良俗的内容传播,加强网络巡查监督与网络生态治理,强化互联网的内容安全,遏制如拜金主义、奢靡低俗等不健康的生活方式在乡村大范围传播对乡村公序良俗的冲击。

第五章 "千万工程"推进乡村生态振兴

第一节 新征程推动生态文明建设的发展

在2023年全国生态环境保护大会上,习近平总书记提出了"四个重大转变"和"五个重大关系",进一步深化和拓展了对生态文明建设的规律性认识。2024年政府工作报告提出:"加强生态文明建设,推进绿色低碳发展。深入践行绿水青山就是金山银山的理念,协同推进降碳、减污、扩绿、增长,建设人与自然和谐共生的美丽中国。"在推动建设人与自然和谐共生的现代化进程中,需要统筹国内国际两个大局,协同推进降碳、减污、扩绿、增长,统筹高质量发展与高水平保护及高水平安全的关系,推动经济社会全面绿色转型。

一、新征程生态文明建设基础夯实成效显著

2023年,我国生态文明建设展现出积极的发展势头。习近平生态文明思想进一步深化和拓展,实现由科学理论向指导实践的重要转变,推动绿色低碳发展的政策导向和实施环境不断形成,零碳产业驱动力大幅提升、社会基础不断壮大,展现出令人期待的发展潜力。

为加快推动能耗"双控"逐步转向碳排放"双控",国家发展改革委和国家统计局先后发布文件,就新增可再生能源消费和原料用能不纳入能源消费总量控制有关工作作出说明。为落实党的二十大对重点控制化石能源消费的部署,国家发展改革委等部门发布了《关于加强绿色电力证书与节能降碳政策衔接大力促进非化石能源消费的通知》,明确非化石能源不纳

入能源消耗总量和强度调控,支持各地区通过购买绿证、使用绿电增加非化石能源消费,进一步拓展用能空间,并缓解部分地区节能指标完成压力。

绿色低碳转型潮流势不可挡。当前我国经济社会发展已进入加快绿色化、低碳化的高质量发展阶段,在发展中降碳、在降碳中实现更高质量发展,绿色低碳转型成效显现。我国以比发达国家相对低的人均能耗和碳排放支撑经济社会高质量发展和人民生活水平不断提升,走出了一条区别于发达国家的全新绿色低碳增长之路,为全球绿色增长注入信心。

二、推动绿色低碳发展需要多目标协同

从前瞻视角来看,推进生态文明建设,建设人与自然和谐共生的现代化,需要深入探讨如何将绿色低碳转型措施嵌入经济社会发展之中,在当前稳预期、稳增长、稳就业目标下保持加强生态文明建设的战略定力,寻找适合中国的最优减排路径,兼顾长短期目标。

一是统筹高质量发展与高水平安全、高水平保护三者之间的关系。2023年中央经济工作会议明确提出"必须坚持高质量发展和高水平安全良性互动"。推动高质量发展,离不开持续稳定的安全环境。统筹发展与安全,需要处理好安全的界定和边界问题,既要持续有效防范化解重点领域风险,又要注意可能由此造成的对发展的制约,牢牢守住不发生系统性风险底线,确保粮食安全、能源资源安全、产业链供应链安全稳定。当前,我国经济发展正处在从量的扩张转向质的提升的重要关口,生态优先、绿色低碳的高质量发展只有依靠高水平保护才能实现。正确处理好高质量发展和高水平保护的关系,保持加强生态文明建设的战略定力,充分发挥高水平保护的支撑保障作用,在高水平安全之下,以高水平保护塑造高质量发展的新动能新优势。

二是"双碳"一盘棋部署需要坚持绿色公正转型原则。碳中和将推动能源消费与经济发展脱钩。从生产者责任视角分配碳配额时，煤炭主产区将会受到影响。因此，积极稳妥推进碳达峰碳中和，需要基于帕累托改进准则和卡尔多补偿原则进行政策设计。

三是减污降碳生态环境权益交易市场化机制改革问题。党的二十大报告将健全资源环境要素市场化配置体系作为加快发展方式绿色转型的重要内容，让环境、资源权益的交易价格真实反映资源以及环境容量的稀缺程度，从而促进资源有效配置，为绿色环保产业发展提供充分激励。当前，我国已经初步建立了由排污权、用能权、用水权、碳排放权等构成的环境权益交易市场。然而，各市场间的相互交织重叠和缺乏协同运作制约了其对经济高质量发展的支撑作用。随着绿证政策的出台，以及中国核证自愿减排量（CCER）的重启，需要审慎思考如何推进环境权益交易市场的协同运行，加快形成新质生产力与实现可持续发展。

四是社会资本参与生态产品价值实现的体制机制研究。在生态保护修复方面，公共财政资金有限，资金缺口较为明显，需要资本积极参与。生态产品价值实现的过程同样需要多方主体共同参与。在"资本下乡"的过程中，作为拥有丰厚生态资源的广大乡村需要借助政府与资本的力量实现由"资源"向"产品"的良性转换。

然而资本本质在于逐利，如果不加以管理约束，外来资本进入乡村可能会违背生态保护初衷，隐藏生态破坏风险。中央明确强调为资本设置"红绿灯"，如何用好资本，让其为中国式现代化建设服务，促进生态产品价值实现与共同富裕、乡村全面振兴的有效衔接，是一个值得深思的问题。

五是着眼统筹国内国际两个大局，持续推进"双碳"工作。全球绿色低碳转型与碳中和竞争已是大趋势，有关技术、产业、贸易、金融和标准等方面的国际竞争会更加激烈。把"双碳"工作纳入生态文明建设整体布局和经济社会发展全

第五章 "千万工程"推进乡村生态振兴

局,需要把握新一轮科技革命和产业变革新机遇,积极应对多目标权衡协同、清洁能源转型风险、碳市场定价机制等多方面的挑战,提升产业链绿色竞争力,加强绿色低碳发展国际合作,主动引领新一轮全球绿色规则的制定,为生态文明建设和经济社会发展全面绿色转型提供不竭动力。

第二节　深入推进生态文明建设和绿色低碳协同发展

深入推进生态文明建设和绿色低碳发展需要系统谋划、全局协同。对照中国式现代化建设目标要求,把非经济因素纳入宏观政策取向一致性评估,把生态环境因素纳入宏观经济政策框架,充分考量碳减排政策的公平与效率、碳中和国内政策的国际协同,既加强制度的刚性约束,也注重激发行动的内生动力。

以减排与发展之间本质关系认识为科学指导,在稳经济目标下积极推动绿色低碳转型。碳达峰、碳中和不是单纯的新能源利用和技术创新问题,社会治理现代化水平的不断提升,政府、企业、非营利组织、公众的积极配合,是推进"双碳"行动行稳致远的重要条件。积极探索"双碳"与增长平衡协调的绿色包容性增长机制,出台稳经济政策措施,将绿色投资和绿色消费作为统筹扩大内需和深化供给侧结构性改革的重要抓手,把稳预期、稳增长、稳就业与绿色转型有机协同作为保障民生的有效路径,在稳经济目标下积极推动绿色低碳转型。

以产业链延链、补链、强链为工作重点,不断培育和强化零碳产业国际竞争新优势。面对逆全球化和脱钩断链风险,我国要保持光伏、风电、新能源汽车等零碳产业竞争的比较优势,积极应对新能源产业链供应链单边主义以及人为脱钩断链去风险带来的市场分割、创新资源搁浅等方面的风险与挑战。把绿色低碳发展学习能力转变为"双碳"前沿科技原创能力,不断培育和强化更多外贸"新三样"(电动载人汽车、锂电池、太阳能电池)和零碳产业国际竞争新优势。协同推进产业链、供应链、价值链、创新链融合发展，固链强链构建新引擎，延链补链开辟新赛道，推动产业结构由相对高碳向相对低碳、相对落后向相对先进，由刚性成本约束到多重收益和红利创造的优化升级。

以有效市场和有为政府更好结合为根本方法，推动生态文明制度建设不断完善。在已有的顶层设计下，既要不断完善生态文明制度体系，推动能耗"双控"向碳排放总量和强度"双控"转变，强化外部约束；也要完善绿色低碳政策体系，推动有效市场和有为政府更好结合，探索政府主导、企业和社会各界参与、市场化运作、可持续的生态保护修复路径；更要加强科技支撑，加快绿色低碳科技革命。此外，还要构建美丽中国数字化治理体系，建设绿色智慧的数字生态文明。

以完善减污降碳环境权益交易市场机制为关键路径，促进能耗"双控"逐步向碳排放"双控"转变。碳排放"双控"能够有效避免能源总量控制的局限性，给予地方政府更多的绿色发展空间。随着新增可再生能源消费和原料用能不纳入能源消费总量控制，以及明确绿证是我国可再生能源电量环境属性的唯一证明，推进全国统一大市场建设，完善排污权、碳排放权、用能权、用水权、绿证和CCER等减污降碳环境权益交易市场化机制，充分发挥市场在资源配置中的决定性作用，将是未来"双碳"工作的重点。

以实现绿色共富为生态产品价值实现最终目标，推进人与自然和谐共生的现代化。实现"绿色共富"不是一蹴而就的，需强化政策引领，把实现乡村生态优势作为经济分配要素对农民进行收入补足。为了让绿色共富的集体公共性目标优先于资本个体理性的逐利目标，需要发挥乡村集体经济的作用，激发乡村村社组织的主体性，主导生态产品扩大再生产，让外来资本基于乡村集体发展的公共性目标寻求多元主体共生发展路径，减少政府投入的压力以及外来资本可能对乡村带来的负外部性，从而实现绿色共富的目的。

第三节 乡村生态文明建设发展策略

一、乡村生态文明建设

生态兴则文明兴。生态文明建设是关系中华民族永续发展的根本大计。中华民族向来尊重自然、热爱自然，绵延5000多年的中华文明孕育着丰富的生态文化。

乡村生态文明建设是全面推进乡村振兴的重要内容，也是加强生态文明建设的重要内容。乡村生态文明建设周期较长。土壤、大气和水域的治理与保护都有其内在规律，要认识且尊重其发展规律，保护好乡村生态环境不被破坏，同时要积极修复已经遭到污染的土地、大气、水域。

二、乡村生态旅游

生态旅游是指通过整合自然资源，培养公众对自然环境和文化的欣赏和保护能力，从而形成可持续发展的旅游模式。

与传统旅游业不同，生态旅游强调自然保护、游客教育和社区利益，是旅游业发展的主要趋势之一。

乡村生态旅游是以乡村为依托的一种具有生态旅游内涵的综合性旅游，是乡村旅游发展的一种新模式，与传统乡村旅游相比，既能满足游客休闲娱乐、观光旅游、农业学习的需求，又具有生态体验和生态教育的功能，注重保护资源和环境，保证农村经济协调发展及农村地区的社会稳定和环境大发展。

三、乡村农文旅融合发展

（一）强化统筹意识

生态旅游是一种以自然资源为基础的旅游。在产业发展过

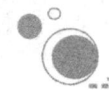

程中，应坚持生态观原则，形成"在开发中保护、在保护中开发"的发展模式。同时，要加强乡村生态文明建设，强化统筹意识，长期坚持在打基础、谋效益上面动脑筋、下功夫。在发展乡村生态旅游的过程中，一些农村地区的自然资源必然会涉及国家和集体两种类型。要处理好所有权、使用权、经营权、处置权、收益权等各种权益的分离和统一问题。要在充分考虑农村生态文明建设特殊性的基础上，把党和国家的政策与当地实际情况有机结合起来，把乡村生态文明建设与当地乡村经济振兴、政治建设、文化引导、社会发展以及党的建设有机统一起来，要运用文化、法律、道德、经济等各种手段，全面系统地推进两者共同发展。同时，积极进行乡村生态旅游建设，以此作为发展的"撬动"点，全面系统地推进乡村生态修复和环境整治，从而产生巨大的"撬动效应"，实现乡风民俗和生态环境的根本改善，为乡村振兴贡献力量。

（二）加强配套制度建设

乡村生态文明建设必须建立一套完善的配套制度促进农村生态文明建设，用相关制度推进乡村生态文明建设进程。2013年5月，习近平总书记在主持十八届中央政治局第六次集体学习时指出："只有实行最严格的制度、最严密的法治，才能为生态文明建设提供可靠保障。"在发展乡村生态旅游的过程中，必须牢牢坚守住农村的自然生态资源，树立生态红线意识，严守生态功能保障底线和环境质量安全底线，不触碰自然资源的利用上线。

（三）秉承绿色、可持续发展理念

发展乡村生态旅游必须秉持绿色可持续发展理念，完善生态旅游规划。发展生态旅游必须合理开发利用自然资源，不能以牺牲环境为代价发展生态旅游产业。发展生态旅游是一项涉

第五章 "千万工程"推进乡村生态振兴

及衣、食、住、行、娱的系统工程,要对自然风光、乡俗文化等进行科学合理、可持续发展的产业规划。同时,乡村生态建设周期长,对大气、水、土壤的治理都有内在规律,恢复受污染的土地、水域、森林需要数年甚至更长的时间。因此,推进乡村生态文明建设没有捷径可走,必须摒弃急功近利的思想,踏踏实实做好每一项工作。

(四) 优化乡村居住环境,完善基础设施

发展乡村生态旅游,首先,要完善乡村基础设施建设。乡村基础设施建设要充分保留当地原有的地貌,因地制宜,给游客带来有特色、有吸引力的视觉体验。其次,从多个方面改善乡村旅游的服务条件,最大限度激发人们的旅游欲望。政府和农村居民要不遗余力地改善乡村环境,完善乡村基础设施建设,加强乡村生态文明建设,大力促进乡村生态旅游产业发展,吸引更多游客,促进乡村经济增长,实现乡村振兴。

(五) 避免同质化竞争,走创新改革的新路线

乡村旅游目的地的旅游产品结构应向多样化转变。乡村旅游目的地的目标市场要从城市居民扩大到城乡居民。我国庞大的农村人口决定了农村居民旅游消费的总体规模。随着我国小康社会的建成,农村家庭普遍具有一定的旅游消费能力,其旅游消费能力将随着乡村振兴的推进而不断增加并持续提升。为了应对城市居民和农村居民两个目标市场的不同需求,扭转乡村旅游目的地之间同质化竞争的局面,乡村旅游决策者应该突破固有的思维定式、跳出现有框架,留住乡愁,保持乡土气息,大力开发丰富多彩的旅游产品,通过区域协调,强化乡村旅游目的地之间旅游产品类型和形式的差异。

第六章 "千万工程"推进乡村组织振兴

第一节 建立健全乡村组织的发展

"五大振兴"与实施乡村振兴战略的总要求互为表里,相辅相成,为解决"三农"问题提供了新思路、新方法。组织振兴作为其中的关键一环,为实施乡村振兴战略和推动农业农村优先发展提供了制度支撑和组织保障。实现组织振兴关键是建立健全农村基层组织,要充分发挥基层组织在实施乡村振兴战略中的牵引带动作用,以提升农村基层党组织组织力为重点,以党组织建设带动其他组织建设,激发乡村各类组织活力,凝聚乡村振兴的整体合力,推动农村基层组织全面发展、全面进步、全面过硬。

一、提升农村基层党组织的领导力

党的基层组织是政治组织,是农村各种组织和各项工作的领导核心。要坚持以习近平新时代中国特色社会主义思想武装头脑,推动农村各项工作开展,激发乡村振兴内生动力。

(一)突出政治功能

要把农村基层党组织政治功能摆在突出位置,以提升组织力为核心,突出政治引领,坚持政治挂帅,凝练政治思维,彰显政治属性。突出谋划农村基层党组织建设重点工作任务,在推进乡村振兴中教育引导党员干部树牢"四个意识"、坚定"四个自信"、坚决做到"两个维护",带领基层群众坚定不移跟党走、撸起袖子加油干。对照基层党组织规范化建设标准,查漏补缺、整顿提升,实现农村基层党组织的全面提升。要扎实开展"不忘初心、牢记使命"主题教育,教育和引导广大党员干部守初心、担使命,找差距、抓落实,达到理论学习有收获、思想政治受洗礼、干事创业敢担当、为民服务解难题、清正廉洁作表率的目标。

(二)突出"头雁"带动

农村富不富,关键看支部;支部强不强,关键在"头雁"。建立健全五级书记抓振兴工作机制,成立以党政主要负责人为组长的乡村振兴工作领导小组,层层压实主体责任,明确时间表和路线图。构建忠诚、干净、担当的干部队伍,选优配强村级带头人,真正把思想观念新、综合素质好、群众威望高的"新乡贤"选拔到村党组织队伍中。积极实施本土人才回归计划,鼓励和引导大学毕业生、外出务工人员、退伍军人等回村创业。着力培养和壮大一支懂农业、爱农村、爱农民的"三农"工作队伍,形成良好示范带动效应,让基层党组织和广大党员学有榜样、做有标尺、干有方向、赶有目标。

(三)突出阵地建设

党建阵地是农村基层党组织发挥作用的大本营,承担着传播党的声音、贯彻党的意志、落实党的政策等重要任务。要完善基层党组织设置,结合行政村撤并、移民村变迁、村改社区等,同步调整或成立党组织。按照大村带小村、强村带弱村或村企联建、村园联建等方式,创新组建联村党委,实现实体联建、产业联动,推动党组织"上产业链""进合作社""入养殖基地"。要全面提升农村基层党建信息化水平,创新基层组织活动方式。积极利用融媒体、大数据等新兴技术,建立集信息宣传、教育管理、互动交流、互联网服务等综合服务于一体的多层级平台。整合各级资源,打造贯彻落实党和国家政策的新渠道，增强基层组织工作信息化水平，建立基层组织联系和服务群众的新纽带。

二、提升村民自治组织的治理能力

村民自治组织实现了村民自我管理、自我服务、自我教育、自我监督，健全了民事民议、民事民办、民事民管的多层次协商格局，确保村民自治有制可依、有规可守、有章可循、有序可遵。

(一) 加强村级自治组织建设

建立健全村党组织、村民委员会、村经济合作组织、村民代表会议、村务监督委员、村"新乡贤"理事会等"六位一体"的村级组织体系，形成"一核两委一会"（"一核"即以党支部领导为核心；"两委"即村民委员会和村务监督委员会；"一会"即村务协商会）的乡村治理体系。充分发挥基层党组织在村民自治组织中的领导核心作用，推进村民委员会规范化建设。

(二) 落实基层民主自治政策

进一步贯彻落实《中华人民共和国村民委员会组织法》和《山西省实施〈中华人民共和国村民委员会组织法〉办法》等，严格依法进行民主选举。加强村党组织对村委换届的领导，推动村党组织书记通过选举担任村民委员会或下属委员会成员，积极探索完善"政社互动""政乡互动""乡村互动"的有效运作机制。推动乡村治理重心下移，开展以村民小组或自然村为基本单元的村民自治试点，创新村党组织领导的充满活力的村民自治机制。

（三）创新基层治理服务方式

有序推进农村社区建设，建立以综合性社区服务中心为主体，专项设施配套、室内外设施相结合的农村社区服务体系。建立健全社区、社会组织和社工"三社联动"治理模式，增强社会组织承载功能，强化社会工作专业人才支撑力量，发展多元化社会服务组织，进一步激发社会组织活力。打造信息化服务平台，加快推进"互联网+"政务服务平台建设，推行"一号一窗一网"服务模式，畅通多元主体参与渠道。推动干部挂职帮扶，建立县级以上党员干部挂职任职、驻点包户和定点联系工作机制。构建"新乡贤"参与模式，鼓励和引导在外优秀本土人才通过竞选、挂职等方式参与乡村治理，培育有地方特色和时代精神的"新乡贤"文化。鼓励发展乡贤理事会、参事会、议事会等组织，以资源返乡、影响返乡、智力返乡等方式参与乡村治理工作，引导"新乡贤"关心乡村、振兴乡村。

三、提升农村经济组织的发展能力

随着经济社会多元化发展，农村出现了农民专业合作社、生产大户、农业协会等各种经济组织。农村经济组织在乡村振兴中承担着带动农户和增收致富的艰巨任务，要充分调动农民专业合作社、种植大户等各类新型主体的积极性、主动性和创造性，让他们根据自身的能力发挥更大的作用。

（一）维护特别法人地位

要充分发挥各级农业农村管理部门的业务主管作用，确立农村经济组织的市场主体地位，整合资源、积极行动，为农村经济组织提供便捷、规范、细致的服务，帮助农村经济组织充分发挥管理集体资产、开发集体资源、发展集体经济、服务集体成员等功能,确保农村集体经济组织在乡村振过程中快速发展,凸显其带动农村经济社会发展的重大作用。要维护村民委员会、农村集体经济组织、农村合作经济组织的特别法人地位和权利,确保村民委员会、农村集体经济组织等基层组织能独立开展经济活动和有效参与社会治理,充分发挥其在基层事务中的影响力和执行力,确保基层社会治理有条不紊。

(二)推进人才队伍建设

要以更高的视野和起点来看待人力资本开发,以农村经济组织管理者这一"关键少数"群体为人才队伍建设的主体,突破农村集体经济组织缺专业人才、缺管理人才的现实障碍,创建一支优秀的农村集体经济组织干部队伍。

一方面,要就地选拔培养。大胆任用政治意识、管理能力和农业发展能力都较强并且群众信任的优秀人才,打造高素质干部队伍。要加强集体经济和市场经济相关政策以及现代农业和科学技术知识的培训,提高管理水平,充分发挥农村集体经济组织干部示范和带动作用。另一方面,要对外"招贤纳士"。鼓励和引导各类返乡人员,依照法律、法规和有关政策规定,创办或参与农业专业合作社、农业互助合作社等经济组织,以保护农民权益、促进集体经济发展、互利共赢为基础,帮助农民稳定增加收入,加快推进乡村振兴。

(三)深化涉农事项改革

提高认识、解放思想、大胆创新,学习借鉴贵州省农村"三变"改革成功经验,推进农村"资源变资产、资金变股金、农民变股东"改革,有效激活农村发展内生动力,增强农村经济组织在市场经济中的博弈能力和自主力量,为脱贫攻坚和乡村振兴提供新动能。统筹确定农村集体经济组织成员身份,本着尊重历史、兼顾现实、程序规范和群众认可的原则予

第六章 "千万工程"推进乡村组织振兴

以确认。细致推进集体资产核算，加强"三资"（即资源、资金、资产）管理，全面开展农村集体资产清产核资，以"三资"清理为基础，摸清农村集体经济组织的家底。健全、创新内部管理机制，完善社会监督渠道，保障农民群众对集体"三资"的知情权和监督权。深化农村土地制度改革，深入推进集体产权制度改革。认真落实第二轮土地承包到期后再延长30年的政策，全面完成土地承包经营权确权登记颁证工作，探索农村承包地确权登记颁证与不动产统一登记的衔接机制；平等保护土地经营权，推进农村承包地"三权分置"（即所有权、承包权、经营权三权分置，经营权流转），鼓励和支持农村承包土地经营权依法入股农业产业化经营。

经济发展理念，不能单纯追求GDP。对区域碳减排任务，要综合地区经济的发展水平以及企业的生产条件等诸多因素进行考察，针对农业企业制定有效的碳减排绩效考核指标，以此来充分保证中国农业贸易碳减排的稳定发展。在宏观层面上，中国政府应针对农业贸易节能减排发展的目标，完善相关的政策和制度。可以借鉴日本的管理思想，让企业签订节能减排的协议，为企业制定一定的节能减排目标，根据企业执行情况给予奖励和惩戒，对表现好的农业贸易企业给予一定的优惠政策和扶持。在此方面需要引进第三方机构监督，确保政策制定的公平性和科学性。这一手段对传统的高耗能企业具有重要的引导价值。中国农业贸易的低碳化发展不能一蹴而就，要树立可持续发展理念，树立长远的目标，保障节能减排工作有效落实。

要在根本上促进农业贸易的低碳化发展，我国还需进一步加强对企业绿色生产以及低碳排放的科学指导，在资金、技术和政策等方面给予企业有效扶持，为农业贸易低碳化企业发展引领道路。农业低碳化发展离不开可再生资源的利用，当前我国可再生能源主要涵盖了太阳能、生物能以及风能等资源。可再生能源的利用可以大大降低传统企业的碳排放量，不仅有效

提高我国大气质量，而且能实现资源循环利用，大大降低了我国的能源消耗，符合我国循环经济发展目标。对此，我国要对可再生资源利用及开发给予有效支持，鼓励企业利用可再生能源。在我国农村地区，要进一步扶持生态农业及低碳农业的发展。此外，为缓解我国农业贸易低碳化发展的压力，给予企业一定的税收优惠，给予农业贸易企业一定的资金支持，以此来帮助农业企业进行现代化生产技术及设备引进，实现对新能源的利用和开发。我国要针对农业低碳化发展进行技术创新，增加财政支出，为基层企业和农业贸易发展提供有效的资金保障。积极发挥政府宏观调控作用，促进能源价格体系改革，调整我国的能源市场，为我国现代化低碳经济的运行保驾护航。

第二节 乡村组织振兴的关键

乡村振兴战略是新时代"三农"工作的总抓手。乡村全面振兴是乡村振兴战略的方向和目标。2018年7月，习近平总书记在全国实施乡村振兴战略工作推进会上指出："要坚持乡村全面振兴，抓重点、补短板、强弱项，实现乡村产业振兴、人才振兴、文化振兴、生态振兴、组织振兴，推动农业全面升级、农村全面进步、农民全面发展。""五大振兴"内在联系，相辅相成，缺一不可，但也并非半斤八两，没有重点。乡村振兴关键是组织振兴，组织振兴关键是农村党组织振兴，农村党组织振兴关键是强化农村党组织领导核心地位，强化农村党组织领导核心地位的关键是制度创新。

一、组织振兴关键是农村党组织振兴

农村基层组织振兴的关键是农村基层党组织振兴。农村基层党组织是党在农村的基层组织，是党在农村全部工作和战斗力的基础，是农村各种组织和各项工作的领导核心，是团结带

第六章 "千万工程"推进乡村组织振兴

领广大党员和群众推进乡村振兴的战斗堡垒,这是由党的性质、地位和农村的实际情况决定的,是党章、党内法规和国家法律明文规定的。

农村基层党组织软弱涣散,乡村振兴就会步履维艰;农村基层党组织坚强有力,乡村振兴便会蹄疾步稳。习近平总书记指出,要推动乡村组织振兴,打造千千万万个坚强的农村基层党组织,培养千千万万名优秀的农村基层党组织书记。农村基层党组织振兴的前提是,农村基层党组织要实现全覆盖。

农村基层党组织现状:一是力量弱。农民中的党员比例与其他行业的党员相比总量少、比例低。二是结构差。党员年龄结构老化、文化程度偏低、女性党员偏少。三是活力缺。后续发展对象不足,要求入党的对象不足,可以发展的对象不足,"名义党员""口袋党员"多。

因此,解决党组织自身建设问题,首要的是壮大农村党员队伍,主动做好党员发展工作,要像星探一样主动发现和培养好苗子;主动在农村青年、妇女、致富能人中发展党员;主动在村级后备干部、村民委员会、农村集体经济组织、专业合作社组织中发展党员;主动在外出务工、返乡创业、经商人员中发展党员;主动在回乡大中专毕业生、复退军人和行业协会成员中发展党员。变个人被动要求入党为组织主动培养入党;变建立积极分子信息库为建立优秀分子信息库,主动将优秀分子及时吸纳到党的队伍中来。

二、农村党组织振兴关键是强化党组织领导核心地位

2012年11月,习近平总书记在主持十八届中央政治局第一次集体学习时指出:"党政军民学,东西南北中,党是领导一切的。"《中华人民共和国村民委员会组织法》第四条明确:"中国共产党在农村的基层组织,按照中国共产党章程进行工作,发挥领导核心作用。""党是领导一切的"写入党章,"中

国共产党领导是中国特色社会主义最本质的特征"写入宪法，表现在农村，就是要理直气壮地认识到，村党组织与村民委员会组织和农村集体经济组织的关系不是平起平坐的关系，而是领导和被领导的关系，村党组织是全面管理、是领导作用、是核心地位；其他组织在党组织领导下开展工作；就是要理直气壮地维护农村基层党组织的权威，无论农村社会结构如何变化、各类经济社会组织如何发育成长，农村基层党组织的领导地位不能动摇、战斗堡垒作用不能削弱。

当前，农村党组织建设存在的根本问题是农村基层党组织的领导核心地位未能正常发挥。一是把党组织领导权和村民委员会自治权对立起来，出现党管农村与村民自治"两张皮"，往往强调党的领导就排斥村民自治，强调村民自治就忽视了党的领导。甚至在现实中出现"基层党组织书记是十几名党员选出的，村民委员会是全体村民选的，村里的事应该由村民委员会说了算"的错误认识。二是把抓党建与抓经济对立起来，有重经济、轻党建的倾向。现实中只讲经济不讲党建，党建第一责任虚化，甚至产生抓经济是"硬指标"、抓党建是"软任务"的错误认识。党组织和党建工作容易被经济利益和宗教势力所绑架。相当数量的村级党组织的党建工作以疲于应付上级检查为目的，党建工作浮于表面、流于形式、虚而不实，推着干、敷衍干、"留痕"不走心。三是把党员的权利和义务对立起来，只一味强调下达各种任务、安排各种工作，党员干部的利益和待遇没人过问，形成"上面千条线，下面一根针"的职责与"只要马儿跑，不给马吃草"的待遇不对等的矛盾。这些做法都严重削弱了农村基层党组织的领导权威和核心地位。

因此，农村党组织建设关键是强化党组织领导核心地位。一是以提升政治领导力加强全面领导。加强党组织对农村各领域社会基层组织的政治领导，通过政治领导把握乡村振兴的政治方向，高举新时代中国特色社会主义的伟大旗帜，把党组织意图变成各类组织参与乡村振兴的具体举措。二是以提升组织覆盖力体现全面领导。组织覆盖力就是要把农村基层党组织有效嵌入农村各类社会基层组织，把党的组织体系和工作触角延伸到农村产业链条的各个环节，延伸到每一位党员和每一户百姓，实现党的基层组织对农村工作的全覆盖。三是以落实待遇保障全面领导。中央和地方财政要设立农村党建专项资金，把农村基层党建和社会治理工作经费纳入地方财政预算，保障基层党组织和基层干部必要的办公经费和活动经费。村级党组织实现坐班制，党组织干部实现专职化，落实工资补贴待遇政策和社会保险政策，解除他们抓好党建工作的后顾之忧。

三、强化农村党组织领导核心地位关键是制度创新

2018年12月，习近平总书记在庆祝改革开放40周年大会上指出，"制度是关系党和国家事业发展的根本性、全局性、稳定性、长期性问题"。强化农村基层党组织的核心地位关键是要建立健全坚持和加强党的全面领导的组织体系、制度体系、工作机制。制度保障是根本保障，是打基础、利长远的事。

一要健全以党组织为领导的村级组织体系。畅通村级党组织负责人能上能下的机制。探索从高校毕业生、机关企事业单位、乡镇党员干部中选派村党组织书记；健全从优秀村党组织书记（不是村民委员会主任，不是村级集体经济组织带头人）中选拔乡镇领导干部，考录乡镇机关公务员，招聘乡镇事业编制人员制度，或者基层执行职级并行制度扩大到村党组织书记，打通优秀村党组织书记的上升渠道。

要从严落实基层党建责任制。健全农村基层党建考核评价体系，认真落实"三会一课""党员民主评议"等制度，把全面从严治党的责任承担、落实好。

二要在基层党组织领导下，探索明晰农村集体经济组织与村民委员会的职能关系，有效承担集体经济经营管理事务和村

民自治事务，实行政经分开制度。

三要完善农村基层党组织领导下的村民自治组织和集体经济组织运行机制。可全面推行村民委员会等村级其他组织向党组织定期报告工作制度、村民委员会主任任村党组织副书记制度。建立村党组织提名村民委员会委员、主任候选人制度。提倡由非村民委员会成员的村党组织班子成员或党员担任村务监督委员会主任，村民委员会成员、村民代表中党员应当占一定比例。依托农民专业合作经济组织、村民理事会等"两新组织"设立党的基层组织，扩大党的工作覆盖面，在生产、加工、销售等各种产业链上，设立党支部或党小组，增强党员活动的同质性，延伸党建工作触角。

四要健全村级重要事项、重大问题由村党组织研究讨论机制。提倡村党组织书记由县级党委组织部门备案管理。全面推行村党组织书记目标责任管理制度，探索建立基层民主科学决策、矛盾调解化解、便民服务和党风政风监督检查等制度，巩固党在农村的执政基础。

五要完善"四议两审两公开"工作机制。在"四议两公开"基础上增加"两审"程序。一是村民监督委员会审核。在村级党组织领导下，村民监督委员会按照有关程序对决策、实施过程进行全面审核审查，对决议事项进行事前、事中、事后的全程监督。二是村党组织审批。村党组织对决议事项进行审批执行。"四议两审两公开"通过制度性安排，用提议权、审批权实现党组织的全面领导、全过程领导，体现了党组织的把关定向作用。

六要建立健全党组织领导的自治、法治与德治相结合的乡村治理体系。在农村经济、政治、文化、社会各个发展领域及时跟进党组织设置工作，注重整合社会管理资源，充分发挥农村民间组织的作用。村级党组织可进一步下沉到组，以村民小组或联片自然村寨为单元，探索和创新"党组织+"模式，党员人数超过3人的成立党小组,将基层党组织设置由原来的"乡镇党委—村党支部(总支)"向"乡镇党委—村党支部(总支)或联村党支部(总支)—联组党支部(村民党小组)或联业党支部(联业党小组)"延伸,扩大党的组织和工作覆盖面,建强村民小组的党组织战斗堡垒。同时,明确党小组为村民组或自然村发展的核心,破除依靠强人和资本主导村治的路径依赖,强化其联系群众、服务群众的能力,有效解决党建工作和基层治理"两张皮"问题。

第三节 运用"千万工程"经验,推进乡村组织振兴的策略

乡村振兴,治理有效是基础。治理有效的根本就是整合乡村中各类组织的力量,不断构建起现代乡村社会治理体系,从而达到乡村善治的目标。组织振兴是乡村振兴的"牛鼻子",也是乡村振兴的保障。

一、主要做法和经验

(一)推进乡村组织振兴

1. 建强基层组织

通过选优配强村"两委"领导干部特别是村党支部书记,分级分批加强村"两委"领导干部的集中轮训,以提高基层干部队伍的能力素质。成立村庄董事会,将政治上先进的农村党员干部、经济上领先的农民致富能手、德高望重的农村社区管理先进力量等推荐入乡村董事会,农村基层组织的组织力、战斗力、社会凝聚力明显提高。

2. 发挥理事会作用

健全乡村董事会的运行机制,积极推动"基层党的建

设、产业、乡村工程建设、社会发展新风、司法协调、公共服务产品生活"等"六进董事会"工程建设,使乡村董事会变成乡村管理的主力军。

3. 深化"三个中心"建设

加强乡镇服务中心建设,依托镇党群服务站,"互联网+监督"平台和"12345"公共服务热线,让群众成为监督主体,强化基层综治中心建设,融合基层政法、信访、行政司法、军人事务等部门,以促进人民群众协调、行政部门协调、司法机关协调的"三调"为一体,有效解决过去"力量分散、人少事多、任务重"的难题。加强新时代社会主义文明实践中心建设,积极发挥"一约四会"的功能,主动引领群众移风易俗,建立许多新时代社会主义文明实践服务中心,开展志愿服务活动。

4. 构建和谐乡村

乡村和谐是构建和谐社会的重点和难点,基层单位工作人员要学法、懂法、用法,用法治观念的思想影响人民群众,化解生产和生活中存在的问题和矛盾。引导人们树立正确的价值观和人生观。落实民主集中制,加快阳光村务工程建设。加快种养结构调整,落实相关产业政策。解决农民实实在在的困难,提高村民收入和生活水平,促进当地的发展。借于此,要适应时代发展需要,积极调整种养结构,落实国家相关产业政策促进当地健康、快速发展。开展党风廉政建设和反腐败斗争,在人们心目中树立清正廉洁、一心为公的形象,才能更好的服务群众。

(二)"三个抓手"提升乡村组织效能

1. 立足村庄小阵地

做足党建文章。根据我国农村的基层实践,重点突出

第六章 "千万工程"推进乡村组织振兴

"两个互动",即党的领导工作与农民群众自治良性互动、党员干部发展工作与董事会组成人员选举工作良性互动,把乡村的优秀人才培训成理事会成员,把先进理事会成员培训成共产党员,把党员理事会成员推选到村"两委"班子成员,同时鼓励退休干部和无职党员竞选理事会会长。

2. 构建自治机制,激活农村大建设

通过构建自治平台,实现两大改变。一方面,改变传统的"村组自治"模式,以自然湾为主体,建立若干利益趋同村庄,构建符合当前实际的村党组织加村民委员会、农户、村庄理事会"1+3"的管理体制。另一方面,改变村庄治理决策机制,围绕村庄建设事项,村庄理事会研究形成初步方案,由村"两委"结合群众诉求、理事会的方案以及村"两委"年度工作安排,统筹考虑安排理事会组织群众予以实施。

二、建立乡村组织振兴长效机制

探寻乡村振兴之路,既要狠抓改革创新,又要高度重视"人"的问题。

(一)明确改革目标

乡村发展靠党建引导,村级管理也要以党建破题。要明确改革创新4大目标,即凝聚民心民力、推动村民参与、减轻基层压力、构建和谐乡村。

1. 凝聚民心民力

人是最基础、最核心的因素,特别是要选对选准村"领头人",村党支部书记是村子经济发展的"主心骨"和"领班人",对村党支部书记的选择建议注意三点:一是在政治上靠得住,能坚决贯彻、全面执行党的道路、方向、政策措施。二是在岗位上本事高,要有带领群众奔小康的真本事和实干精神。三是在作风上过得硬，能把群众的切身利益时时放在首位。只有村党支部书记用人为本、担当责任、担当作为，就会用责任促进担当，用有为推动作为。

2. 推动村民参与

通过搭建村民自治平台，建立激励机制，树立正确导向。引入农户集体参与管理，在村级协调议事中"唱主角"，通过基层民主协商，制定或修订村规民约，实现村民从"被动管理"向"主动治理"的转变，逐步形成"自己的家园自己建、自己的事情自己办、自己的村民自己管"的良好局面，为实现村庄复兴战略打下扎实的群众基础。

3. 减轻基层压力

针对村政公共事务管理矛盾和问题，依托已建立的农民代表大会、农民代表协商议事会、农民座谈会、农民代表议事会、村民监事会等民主协商新渠道，帮助村民与村"两委"有效沟通交流。借助村级群众自治平台，在基层组织和村庄中间搭建一个"连心桥"，逐步做到三事分流（私事不出庄、小事不出会、大事不出村），把基层组织精力投入到本区域的经济社会发展中来。

（二）创新治理格局

乡村组织振兴工作绝不能千篇一律搞"一刀切"，而是要充分尊重当地实际，结合当地群众诉求进行创新改革。

1. 搭好台，解决干事创业平台问题

一是顺应民情，科学界定地方自治单元。根据"因地制宜、有利发展、群众自愿、便于组织、尊重习惯、规模适度"的原则，首先，由村"两委"领导深入征询农户意愿，其次，以自然湾为主导，形成若干利益趋同村庄，形成实施方案，再组织村民代表大会开展商议，并报请乡政府批准后执行，最

第六章 "千万工程"推进乡村组织振兴

后,报市民政部门备案,按照此流程步骤为干事创业搭建有利平台。二是组织把关,依法搭建自治平台。在广泛征询党员和农户意见基础上,讨论、谋划和提出村民委员会组建实施方案。各组的户代表以"一户一票"方法,就是否组建村庄理事会一事开展民主选举,在征求三分之二以上户代表的同意后,村"两委"一致同意组建村民理事会。

2. 选好人,解决干事创业人才问题

明确参选村庄理事会成员的资格条件,按照为人正直、有奉献精神、愿意为群众服务、有威望有能力的标准,通过"一户一票"依法选举理事会成员。要完善"一个核心、双线合力、三级管理"的党组织管理体系,即以村党小组为核心,以党员干部与村民双线合力,党小组、村民理事会、村民委员会三层管理的农村党组织结构,推进基层党组织全覆盖。

3. 加强监督,完善考核评价机制

从履职情况与监管目标出发,将重点放在政府监管是否尊重人民群众意志,以及是否依照"两会三公开一报告"的管理办法规范工作;加强对理事会等公益性投资机构的监督;推行"阳光运作",做到事前、事中、事后全过程公开公示。

三、推进乡村组织振兴的策略

(一)引回"能人"

近年我国农业市场空心化、农村人口的老龄化等现象越来越突出。从产业发展角度看,要明确引才对象,加强分类引导,对有意向在乡村兴业的农民企业家、乡村能人、一技之长的退伍军人等,分类引导其流转耕地种植、兴办实业、发展特色产业等。从组织干部培养的角度看,把"德、能、勤、绩、廉"作为考核指标,在致富能人、返乡大学生、复员军人等

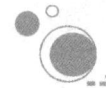

群体中,推选到村支部主要岗位上锻炼,确保后继有人。

(二) 用好"贤人"

进入新时代,地方乡贤也被赋予了全新的社会责任,尤其对于提升地方乡风民俗、传承诗书礼仪、绽放道德光辉、修复乡土记忆、凝聚乡愁文脉等方面具有重要作用。要培养和选树"新乡贤"队伍,建立健全引入机制,建立健全激励机制,尤其在创业扶持、特殊补贴、子女教育及住房医疗等方面加大政策倾斜,通过建立"新乡贤"的工作平台,签署合同,授予称号及奖励,并组织列席地方政府部门的有关座谈会,引导其广开言路、积极参与建言奉献,并定时开展联谊社会活动,使其感受到基层党委和政府的真诚态度,激发其为家乡做出更大贡献的热情和动力。

(三) 培育"新人"

产业农民、合作社的领军人才是现代农业高质量发展的助推器。积极探索新型职业农民培养方式。在全产业链上,建设现代农业田间学校、农村人才创新孵化基地等培养载体,建立一批适合于现代农业发展的新型职业农民团队。

进一步健全职业资格认可机制。遴选农村种养大户、家庭农场主、农民专业合作社核心骨干,培养考核合格后授予新型职业技术村民资格等级证书,并享受政府相应支持优惠政策。强化扶持力度。强化政府公共财政资金投入并确保逐年提高,加大涉农专项资金整合力度,进一步提升职业农民的综合能力和自主发展能力。

第七章 "千万工程"推进乡村建设

第一节 宜居宜业和美乡村建设的基本内涵

在全面建成小康社会的基础上,党的二十大报告进一步提出,统筹乡村基础设施和公共服务布局,建设宜居宜业和美乡村。从"新农村建设"到"建设美丽乡村""建设生态宜居美丽乡村"再到"建设宜居宜业和美乡村",表现出我国对乡村建设的认识不断深化,乡村建设的基本内涵和目标要求不断丰富拓展。

从农村内部看,新时代的乡村建设要实现"宜居""宜业""和美"三大目标。乡村"宜居",意味着新时代乡村要逐步具备现代化生活条件,确保农村供水、供电、道路、能源、通信、物流等基础设施基本健全,提升教育、医疗、健康、养老等公共服务质量,改善农村生态环境,保留村庄特色风貌。乡村"宜业",要求农村地区产业兴旺,县域地区就业容量充足,满足农村居民就近就地就业需求。乡村"和美",强调农村物质文明与精神文明协调发展,乡风文明程度明显提升,乡村治理效能显著加强。在上述三大目标之间,"宜居"是基础,即乡村基础设施完备、公共服务便利、人居环境整洁、生态环境舒适是农村群众获得感、幸福感、安全感提升的基础,是深入贯彻以人民为中心的发展思想的具体表现。"宜业"是关键,产业兴旺是乡村发展的关键,发达的乡村产业、充足的就业岗位能够为乡村建设质量的提高、人民生活水平的提升提供充足动力。"和美"是重要支撑。我国的"和"文化源远流长,蕴意丰富,"人心和善""以和为贵"的道德观是乡村社会和谐稳定的有力支撑。"物质美"与"精神美"同步提升则是"和"文化深入人心的重要保障。

从城乡关系看，建设宜居宜业和美乡村的目标在于推动城乡融合发展，构建和谐的城乡关系。通过打通城乡要素自由流动的制度性通道，促进要素自由流动，缩小城乡之间在基础设施、公共服务、产业发展、精神文明建设等方面的差距。

第二节　整体推进宜居宜业和美乡村建设

"千万工程"造就了浙江省万千美丽乡村，造福了浙江省万千农民群众，也为新时代国家建设宜居宜业和美乡村提供了样板。针对当前乡村发展中存在的诸多问题，借鉴"千万工程"正确处理绿色发展与协调发展、整治村庄与经营村庄、整体推进与重点突破三大关系的经验，本部分提出深入推进宜居宜业和美乡村建设的主要思路和重点任务。

一、扎实稳妥推进乡村建设

加强农村基础设施和公共服务建设是实现农业强、农村美、农民富的重要抓手。相比基础设施，我国农村公共服务欠账更多，数量、质量上与城市差距更大。针对农村教育、医疗卫生、社会保障等方面存在的突出短板，当前和今后一个阶段，要以农村公共服务建设为突破口，推动城乡公共服务供给重点向农村延伸、倾斜。

第一，建立城乡教育资源均衡配置机制。推动教师资源向乡村倾斜，通过稳步提高待遇等措施增强乡村教师岗位吸引力；推行县域内校长教师交流轮岗和城乡教育联合体模式，合理设置交流轮岗期限，确保其在交流期间的工作积极性。

第二，健全乡村医疗卫生服务体系。加强乡村医疗卫生人才队伍建设，加大乡镇卫生院医学人才输送力度，鼓励符合条

第七章 "千万工程"推进乡村建设

件的退休医师返聘到基层服务；推动医疗资源下沉，加强偏远地区村卫生室建设，推进乡镇卫生院延伸开办一体化卫生室。

第三，促进城乡养老一体化发展。推动城镇与邻近农村之间养老基础设施共享，在人口聚集的村庄建设养老服务设施，加快提升农村机构养老和社区照料水平。

第四，统筹城乡社会救助体系。加快推进低保制度城乡统筹，全面实施特困人员救助供养制度，提高托底保障能力和服务质量。

二、统筹推进村庄整治与村庄经营

经营村庄是实现环境保护与经济发展之间平衡的纽带，现代乡村产业体系是经营村庄的前提。针对农业产业链条短、高附加值农产品占比低、农村一二三产业融合程度不高等问题，要以构建现代乡村产业体系为抓手，统筹推进村庄整治与村庄经营。

第一，要提高农业规模经营效益。在保证农户确权面积不变的情况下，因地制宜探索"小田并大田"有效模式，推进多种形式农业适度规模经营。例如，探索通过农户自愿互换土地承包经营权方式，实现按户连片经营。

第二，围绕农民及新型经营主体，加强政策扶持与配套服务。加强信贷支持，积极探索"去抵押化"信贷模式，对信用评级过关的农户发放无抵押、无担保贷款；持续实施农村创新创业人才培育行动，通过集中授课、案例教学、现场指导、远程视频等方式，为农村创业人员开展精准便捷培训，提高农民的金融资本和人力资本水平，加快推动农村产业转型升级。

第三，培育多元化产业融合主体。发挥龙头企业作用，构建新型农业经营主体合作联盟，明确各类主体在产业链中的功能定位，推进各类主体一体化经营，促进城乡产业一体化发展。

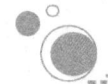

第四,健全产业链利益联结机制。鼓励新型农业经营主体与农民签订保护价合同,采取"保底收益+按股分红"等形式,让农户分享加工、销售环节收益。引导工商资本有序参与乡村产业发展,形成与农户优势互补、分工合作的格局,带动农户增收。

三、整体推进宜居宜业和美乡村建设

治理有效是保障整治村庄、经营村庄有序推进的重要前提。习近平总书记在浙江省工作期间要求,充分发挥基层党组织的战斗堡垒作用和党员的先锋模范作用。针对乡村治理效能不高的问题,首先,要加强农村基层党组织建设。实施村干部队伍整体优化提升行动,注重吸引高校毕业生、农民、机关企事业单位优秀党员干部等高素质人才到村任职,以选优配强村党组织书记。加大在优秀青年农民中发展党员的力度,加强对优秀青年农民党员的培养和管理,提高党员队伍的整体素质和能力水平,储优育强村"两委"后备干部。其次,要健全基层群众自治制度。推进基层直接民主制度化、规范化、程序化。建立健全基层群众自治组织选人用人制度和机制,严格按照规定的步骤讨论决定涉及群众利益的各项工作,按照"四议两公开"的程序进行村级重大事项决策。最后,要创新乡村治理方式方法。充分运用智慧治理数据资源,实现基层治理信息互联互通,实时监测乡村民生状况,拓宽村民参与乡村治理渠道,提升基层治理服务水平。

第三节 根据各村资源禀赋,进行场景化和特色化创建

在实践中,以坚持一体推进"美丽乡村+数字乡村+共富乡村+人文乡村+善治乡村"建设为核心,根据各村资源禀赋,

进行场景化和特色化创建。

一、建设数字乡村，赋能发展新动力

加快数字化技术赋能，从整体上推动乡村生产生活的质量、效率变革，是未来乡村建设的重要动能。近年来，浙江省主抓"乡村大脑"建设，加快推广"浙农码"，贯通"浙农"系列应用，做大做强数字农业、智慧农业、农村电商，加快推动农业全产业链数字化转型，让农业生产力水平得到大幅提升。

二、建设共富乡村，跑出发展加速度

未来乡村的共同富裕不仅要有优美的自然环境、村落格局，还要人人有事做、家家高收入。不同于城市社区，产业功能是乡村所特有的功能之一，不可或缺。产业是乡村发展的根基，只有产业兴旺，农民收入才能稳定增长，乡村发展才能稳步前行。为此，浙江省在坚决保障粮食和重要农产品生产供给的前提下，大力实施农业"双强"行动，守牢乡村发展的基本底线。加强培育"百链千亿"农业全产业链，壮大村级集体经济的同时加强对农民就业创业和低收入农户帮扶。加快推动三产融合、产村融合，完善村庄运营机制，用好乡村生态、文化等资源，发展乡村旅游、农事节庆、休闲养老等新业态，助力乡村发展打开新格局。完善"两进两回"支撑政策，持续实施十万农创客培育工程，盘活乡村人才资源助力乡村振兴，吸引人才走进农村、建设农村。

三、建设人文乡村，绘就乡村发展新图景

2013年12月，在中央城镇化工作会议上，习近平总书记指出"乡村文明是中华民族文明史的主体，村庄是这种文明的载体，耕读文明是我们的软实力"。未来乡村既要有美丽宜

居的村容村貌，更要有昂扬向上的精神风貌和乡愁可寄的人文气息。浙江省在建设农村精神文明方面，充分利用农村文化礼堂，推进移风易俗，促进社会主义核心价值观在乡村落地生根，提升村民精神风貌和文化自信。在弘扬乡土文化方面，加大对古村落、古民居、古树名木等乡土遗存的保护力度，传承克勤克俭、耕读传家等乡土基因，弘扬二十四节气等优秀农耕文化，提升人文乡村品牌影响力，推进以文化人、以文铸魂、以文弘业，不断释放文化红利。

四、建设善治乡村，奏响发展最强音

乡村善治是乡村振兴的基础，更是未来乡村建设发展有序推进的重要保障。坚持和发展新时代"枫桥经验"，深化万村善治创建，构建"四治融合"现代乡村治理体系是浙江省乡村建设一以贯之的重要举措。面对城乡发展、公共服务不平衡不充分等问题，坚持以县域为基本单元持续推进，进一步推动公共服务、资源要素向农村倾斜，促进基础设施和公共服务普及普惠、优质共享。

第四节 乡村建设的实施策略

乡村建设是实施乡村振兴战略的重点任务，也是国家现代化建设的重要内容。2020年党的十九届五中全会首次提出"实施乡村建设行动"，随后的历年中央一号文件中均强调乡村建设在社会主义现代化建设中的重要地位，其中，2021年对乡村建设行动作出了具体部署，2022年提出"乡村建设为农民而建"，2023年进一步提出"推进宜居宜业和美乡村建设"等内容，为推进乡村建设指明了方向。2024年中央农村工作会议强调以"千万工程"经验引领乡村全面振兴，再次提出"适应乡村人口变化趋势，优化村庄布局、产业结构、

第七章 "千万工程"推进乡村建设

公共服务配置,扎实有序推进乡村建设"。这一以贯之地体现了党和国家对乡村建设规律的深刻把握,充分回应了农民群众对美丽乡村建设的期盼。乡村建设是一项长期任务,而实施乡村建设行动是一项着眼于当前的系统工程。在经济下行压力较大和经济形势复杂多变的背景下,实施乡村建设行动既是补齐农村基础设施和公共服务短板的必然要求,又是实施扩大内需战略、拓展乡村投资空间和畅通国民经济循环的迫切需要。2022年,中共中央办公厅、国务院办公厅印发《乡村建设行动实施方案》,对实施乡村建设行动的总体要求和重点任务进行了系统部署。从总体上看,理论界和实务部门对于实施乡村建设行动的重要意义和重点任务已经基本达成共识,但对于乡村建设规律的总体性把握还不够,特别是对于推进乡村建设的路径、方法和策略还缺乏系统性思考。

乡村是指城市建成区以外具有自然、社会、经济特征和生产、生活、生态、文化等多重功能的地域综合体。乡村建设并非简单地建设物理空间的乡村,而是涉及产业发展、公共服务、文化传承等多个方面的内容。乡村建设行动则拥有更为丰富的政策内涵和更为明确的政策举措。"十四五"时期我国乡村建设行动的重点是完善乡村水、电、路、气、房以及通信、广播、物流等服务于农民生产生活的各类基础设施和教育、医疗、组织建设、乡风文明等各类公共服务体系建设。随着工业化、城镇化的深入推进,人口流动、农户分化与村庄变迁将成为不可逆的趋势,对乡村建设提出了更高要求。在城乡融合发展加快推进的背景下,乡村的地位、功能及形态将发生更加深刻的转型,人口结构、村庄布局等也将发生更为深刻的调整。站在党和国家事业全局高度,全面推进乡村振兴,建设宜居宜业和美乡村,需要认真分析长期以来我国农村人口和村庄的结构变化与特征,把握农村人口流动和村庄变迁呈现的新态势,妥善处理集体产权封闭性与农村社区开放性之间的矛盾,顺应

自然规律、经济规律、社会发展规律优化建设路径，以提高乡村建设效率和水平。

推进乡村建设是一项长期而艰巨的任务，既要立足我国农村人口流动的历史趋势，又要科学把握村庄差异性和分化趋势，在推进基本公共服务均等化的基础上，整体谋划、分类建设。"十四五"时期，实施乡村建设行动要遵循乡村建设规律，聚焦阶段性任务，针对不同地区、人群，加强基础设施和公共服务设施建设，吸引社会各界力量共同参与建设，形成符合实际、各具特色的乡村建设路径。

一、对乡村建设重点及优先序进行前瞻性、战略性研判

推进乡村建设，必须关注城乡人口流动和乡村地区人口的结构性变化，并在动态推进过程中制定针对性措施。第一，加强对城乡关系、人口流动与村庄演化的分析预测，开展事关城乡发展全局的战略研究，率先在县域内破除城乡二元结构，引导要素畅通有序流动，合理确定村庄发展定位，聚焦乡村建设的阶段任务和区域经济社会发展目标，并适应人口流动变化，推动公共资源由按城市行政等级配置向按实际服务管理人口规模配置转变。第二，适应我国国情和经济社会发展阶段，统筹考虑经济发展、民生改善、农民意愿及承受水平等各种因素，加强对乡村建设领域重大问题和政策的研究，突破短期性思维，聚焦中长期结构性问题，在把握乡村建设规律的基础上开展建设。既不能超越发展阶段、盲目抬高建设标准，吊高群众胃口，又不能建设水平过低、标准不一，人为拉大城乡和地区差距，损害农民群众的基本权益。第三，瞄准乡村建设领域短板弱项，建立健全农村留守儿童、留守妇女、留守老人摸底排查制度，摸清返乡、下乡、留乡、滞乡人员的数量、意愿及发展需求，通过前瞻性、战略性的研究来明确乡村建设的定位、规模和公共服务供给方向，为推进乡村建设提供政策储备。

二、因地制宜、精准施策，分类推进乡村建设

推进乡村建设，必须抓住村庄这一载体，准确把握村庄变迁的历史进程和未来趋势，在因村施策过程中予以分类推进。第一，依据乡村地域分区与村庄潜力，先导性编制村庄空间布局规划和村庄建设规划，因势利导、突出重点、体现特色，优化乡村资源管理，差异化配置乡村建设资源，避免过程性浪费。第二，顺应村庄演变态势，依据不同村庄的发展定位，综合考虑村庄发展现状、区位条件、资源禀赋、未来走势等，统筹利用生产空间，合理布局生活空间，严格保护生态空间，分步实施、有序推进乡村建设，明确相应的建设任务和强度，确保资源配置效率、乡村建设速度与人口需求程度动态匹配，杜绝盲目和重复建设。第三，从提高农村人居环境和强化农房质量入手，健全住房安全保障长效机制，综合推进乡村规划管控、农民生产生活改善、村庄环境长效治理、村容村貌提升等工作，推动乡村基础设施量的合理增长和质的稳步提升。第四，充分发挥农民主体作用，引导农民自主开展庭院和村庄绿化美化，建设农村人居环境长效维护机制，促进农村山水林田路房整体改善，充分展现乡村魅力与多重价值。

三、加大公共财政投入，大力推进基本公共服务均等化

农村公共服务涉及范围广、部门多，是一项系统工程。推进乡村建设，核心在于推动公共服务向农村延伸、社会事业向农村覆盖，着力加强普惠性、兜底性民生建设。第一，针对农民群众最关心的民生需求，加大投入力度，发挥农村集体经济组织在保障和改善民生方面的积极作用，逐步由政府承担服务供给主体责任，注重基本公共服务的基础性、可及性、兜底性，切实在公共财政投入上体现发展农村支持农民的政策倾向。"十四五"时期，要优先提升欠发达地区基本公共服务水

平，缩小服务标准在城乡、区域、人群间的差异，加快实现制度并轨，实现形式上普惠向实质性公平转变。第二，激活各类资源要素，畅通资本、技术和管理下乡通道，创新投融资体制机制，采取不同的支持政策组合，通过财政金融协同引导社会资本"上山下乡"，形成多元投入格局，健全基础设施管护机制。第三，用历史性视野看待农村社会事业发展，建立科学评估和动态调整机制，综合考虑财政承受能力、集体经济实力和社会资本动力，尊重农民群众意愿，动态调整基本公共服务的内容，形成可持续发展的长效机制。

四、做到统筹兼顾，提供多元化、差异性非基本公共服务

推进乡村建设，要激活政府、市场与社会等多元化供给主体，满足农民群众多层次、多样化公共服务需求。第一，既要把握农村人口共性特征和主基调，又要注重区分不同地区、不同群体的结构性、差异化服务需求。从流入地看，政府部门要把流动人口及其家庭的服务需求纳入本地预算以及公共服务供给范围，加快推动流动人口社会融入。从流出地看，政府部门要立足长期在村的各类群体的结构特征，优化公共服务供给，充分考虑农村"三留守"人员（即留守儿童、留守妇女、留守老人和残疾人）在年龄、健康等方面的特殊需求，加大养老、医疗等方面的投入，完善关爱服务体系。第二，既要考虑加大对农村人口比重大的地区的支持，又要考虑这些地区快速城镇化进程中流出的群体和留守的群体的不同需求，尤其是要针对返乡入乡群体的特殊需求，完善就业创业等配套设施和服务，强化创业基础支撑，增加优质教育、医疗、住房等供给。第三，依据各地区人口空心村和人口净流入村的分布情况，从基本保障到优质供给，从静态均衡到动态一体，从硬件均等到软硬俱全，因势利导、动态匹配推进乡村建设，实现村庄建设资源差异化配置。考虑到我国不同区域乡村发展水平和社会文化习俗差异较大，村庄定位与潜力也各不相同，还应在区域性农村公共服务政策制定方面给予地方更多自主权，支持地方创造性提供公共服务。

五、推进社会空间关系重构和文化空间价值重塑

在工业化、城镇化进程中，村庄分化与集聚发展是必然趋势。人口的双向流动以及村庄形态的变化，给乡村公共空间治理带来了新的机遇和挑战。人口流出使得村庄在物理空间上具备了集中居住与规模化生产的条件，人口流入带来了乡村社会关系重塑的机会，有助于提升农民的运维意识，文化空间塑造也在人与村庄的变化中得以实现。推进乡村建设，要高度重视乡村公共空间治理，重塑乡村发展活力。第一，以资源重组为核心，对农村人力资源、土地资源、产业资源等进行系统性整合，打破资源利用细碎化格局，把数量庞大的农村集体资产带入国民经济循环，重构乡村建设内外部条件，形成城乡联动的发展格局。要严格落实生态保护红线和耕地保护底线，深化农村承包地、宅基地"三权分置"改革，规范村集体"三资"管理，解决农村土地空间权属和资源管理问题。要贯彻落实新发展理念，注重土地资源功能性和生态性并举，在整合土地资源服务于生产生活的同时，推进绿色景观建设，打造生态宜居空间，解决农村土地资源配置及经济发展问题。第二，以关系重构为核心，在政府、市场与农民的关系互动中给予农民更多话语权，培养民众的主体意识和主体责任，促进农民自我建设和自我管理。要构建现代乡村治理共同体，推进党建重心和村民自治重心下移，健全和完善现代乡村治理体系，优化乡村民主治理机制。要重视思想引导、教育培训、政策驱动和利益带动等的作用，建立健全激发农民内生动力的体制机制，提升农民自觉参与乡村建设的主动性和积极性。第三，以价值重塑为核心，推进政府、市场和社会协同发力，提升乡村文化建设的内源性动力。要坚持行政化引导、产业化支持与媒介化路径相结合,健全现代文化政策体系、产业体系和市场体系,培育新型文化业态,推动文化事业和文化产业健康发展。要整合乡村文化资源,将具有历史价值的文物古迹、民族特色和传统文化等纳入乡村文化产业体系,鼓励传承和保护乡村文化,积极追求乡村文化的经济和人文双重价值。

六、打通城乡之间的"数字鸿沟"

数字技术能够弥补传统乡村建设的缺陷,对乡村建设进行多领域、全方位的赋能,是推动城乡融合发展、实现城乡空间整合的重要手段。推进乡村建设,必须牢牢抓住数字技术发展这一战略机遇,加快推动乡村建设数字化转型。

第一,全面升级乡村数字基础设施,加快建设高速、泛在、安全的信息基础设施,进一步推动5G向农村地区延伸,在"县县通"5G的基础上实现"村村通"。同时,提高乡村建设的数字化管理水平,将物联网、区块链等数字技术运用到农业生产领域以及农民生活领域,加快乡村电力、水利、农产品冷链物流等传统基础设施的数字化改造。

第二,加快数字乡村人才队伍建设,通过大众讲座、专业培训等形式,强化农村社区干部数字意识,提高其将数字技术融入乡村建设的能力,同时调动农民参与数字乡村建设的积极性。

第三,拓展数字化技术运用场景,打造精细化、专业化的数字乡村建设支持体系,完善面向老年人、留守妇女、儿童等不同群体的数字化服务体系,开发适用于不同群体的信息终端等,使得数字乡村建设"建有所用"。

第四,打造多元化数字乡村建设格局,积极吸收外部力量,引入社会资本参与数字乡村建设,充分发挥PPP模式在乡村建设中的作用,激发市场主体力量,促进要素在城乡之间

第七章 "千万工程"推进乡村建设

的积极流动,依托数字技术实现乡村建设"弯道超车"。

第五节 以"千万工程"经验明确乡村建设的目标原则

当前,乡村面貌已经发生历史性改变,乡村建设也迎来了全新的基础和更高的标准,这就意味着我们无法再通过粗放、盲目的数量驱动型发展完成乡村建设工作,必须更加精准精确地把握乡村建设的实际需要。"千万工程"作为一个具有普遍借鉴意义的乡村建设案例,蕴含着乡村建设中应当掌握的理念和方法,并为乡村建设提供了明确的目标原则,对回答"建设什么样的乡村"的关键问题具有重大指导意义。

一、乡村建设要坚持农民的主体地位

习近平总书记强调,乡村建设是为农民而建。开展乡村建设是为了亿万农民,也必须依靠亿万农民。"千万工程"经验同党中央关于坚持农民主体地位的认识是高度一致的。浙江省在推行"千万工程"之初,即以提高农民生活质量作为整治建设的核心工作。中央财办、中央农办负责人在就《关于有力有序有效推广浙江"千万工程"经验的指导意见》答记者问时,也明确指明推广"千万工程"红线之一就是"不搞强迫命令",要"坚持尊重农民意愿,尊重农民主体地位和首创精神,厘清政府干和农民干的边界,让农民成为乡村发展、建设、治理的参与者和受益者"。

然而,很多地区的农民仍然在乡村建设中缺乏足够的参与权和表达权,参与乡村建设带来的利益甚至不如离开乡村前往城市,这样会使乡村建设陷入"无人可干"的境地。因此,在未来的乡村建设中,应当坚持"千万工程"经验,把农民作为乡村建设的主体。

第一,要将农民的意愿摆在首位。在很多地区的乡村建设

中,容易忽视农民的主体地位和实际需要,超越发展阶段,违背农民意愿,盲目地开展政绩工程,农民不关心、不喜欢,自然也就不会支持。"千万工程"推行过程之所以能够得到广大农民的衷心拥护,从根本上来说是因为它坚持了人民利益至上的原则,认可并满足了农民就地过上现代化生活的需要。在"千万工程"实施前,浙江省农村普遍存在"脏乱散差"的现象,严重影响了当地农民的生活。

"千万工程"从污水治理、垃圾处理、道路硬化、厕所改造等小事着手,让农民直接看到身边发生的变化,从而得到农民的广泛支持。"千万工程"被当地农民群众誉为"继实行家庭联产承包责任制后,党和政府为农民办的最受欢迎、最为受益的一件实事"。

第二,要将农民视为乡村建设的主人翁。当前的乡村建设中存在将农民农村视为被动接受者的倾向,认为农民的文化程度、专业水平和生活习惯等都是被改造的对象,应当以城市为标准改造农民和农村,最终造成"乡村运动而乡村不动"的局面。"千万工程"就对这种倾向进行了严肃地纠正。浙江省创设了"河小二""池大爷""塘大妈"等岗位,通过"幸福积分制""垃圾分类积分制"等软约束形成激励,调动广大农民共同参与乡村人居环境改善的工程。其他地区在学习推广"千万工程"经验中,也应当以"村里的事情大家商量着办"的原则,将农民作为乡村建设的主人翁,这样才能调动起乡村建设的最大力量。

如何看待农民一直是乡村建设乃至整个"三农"工作中的重要问题。不可否认的是,在现代化建设的过程中越来越多的人口将会从乡村转移到城市,从农民变成市民。西方资本主义国家在历史中选择了以牺牲农民农村、使农民承担"阵痛"的方式来完成过渡,但不论是我国的历史传统和文化国情,还是党的信念宗旨和执政根基,都不允许我们模仿西方的城乡发展之路。

第七章 "千万工程"推进乡村建设

而"千万工程"的经验充分说明，坚持以农民为主体，让广大农民集体参与乡村建设、共同享有建设成果，才是建设美丽乡村、实现城乡融合的必由之路。

二、乡村建设要以保住绿水青山为底线

人类工业化的进程往往伴随着严重的污染，在创造物质财富的同时造成了严重的生态赤字。在我国的乡村建设中，同样面临类似的挑战。"千万工程"坚持走生态优先绿色发展之路，不断将生态环境优势转化为生态农业、生态工业、生态旅游业等生态经济优势，实现生态与经济的正向循环。

习近平总书记在浙江省推行"千万工程"的过程中，始终把农村作为建设生态省、打造"绿色浙江"的主战场，并在此阐发了"两山"理论。2005年，时任浙江省委书记的习近平在安吉县天荒坪镇余村考察时强调，发展方式有多样，要走可持续发展的道路，绿水青山就是金山银山。

"两山"理论是习近平生态文明思想的核心，和"千万工程"之间是理论与实践的关系。"千万工程"前期的成功实践使得"两山"理论得以孕育并横空出世，也就是在"两山"理论的指导下，"千万工程"始终将保住绿水青山作为根本目标。

第一，乡村建设要有"宁要绿水青山，不要金山银山"的底线思维。"宁要绿水青山，不要金山银山"表明了乡村建设中的生态价值取向，即不能以短期内的经济利益损害子孙后代的长远利益，一旦一项建设行动造成了生态不可逆转的破坏，即使能够带来经济利益，也是不可取的。作为"两山"理论发源地的余村就有类似的深刻教训，余村曾因粗放式的采矿造成灰尘满天、植被破坏，虽然带来了收入的提升，但是村民并未真正有获得感，而且这种发展也是不可持续的。2002年"千万工程"实施后，余村逐步关停矿山，开始进行转型，逐

渐实现生态与经济的双丰收。

第二，乡村建设要有"绿水青山就是金山银山"的辩证智慧。"绿水青山就是金山银山"跳出了人与自然、发展生产力与改善生态环境之间的对立关系，重视山川土壤、生物空气等自然生产力在经济发展中的作用，得出了"保护生态环境就是保护生产力"的结论。基于这一观点，"千万工程"在启动之初就将农村生态环境同生产、生活环境的改进并列至《浙江省美丽乡村建设行动计划（2011—2015年）》，乡村建设范畴中的人居体系、环境体系、经济体系和文化体系均冠以"生态"的前缀，表明了浙江省将生态建设作为工作主线贯穿始终的决心。

如今，浙江省已经创建美丽乡村示范县70个、特色精品村2 170个、美丽庭院300多万户，全省90%以上的村庄达到新时代美丽乡村标准，真正实现了"共富生态"。也正是这样的成就，"千万工程"被联合国评价为"极度成功的生态恢复项目""让环境保护与经济发展同行，将产生变革性力量"。

生态问题不仅关乎民生福祉，更是影响文明进程的重要因素。恩格斯就指出，"不要过分陶醉于我们对自然界的胜利。对于每一次这样的胜利，自然界都报复了我们"。

"千万工程"坚守生态红线，不仅关乎乡村建设的成效，更是对全人类负责的重要表现。在未来的乡村建设中，也应当秉持"千万工程"的成功经验，走人与自然和谐共生的乡村发展之路。

三、乡村建设要以赓续农耕文明为使命

习近平总书记强调，我国农耕文明源远流长、博大精深，是中华优秀传统文化的根。我国在历史上曾创造过灿烂辉煌的农耕文明，长期领先于世界，并为人类进步作出巨大贡献。农耕文明赋予了中华民族重农爱农的传统，使乡村成为中国人独

第七章 "千万工程"推进乡村建设

有的精神家园,同时为当前推进乡村建设中"铸魂"工程提供了便利的历史条件和丰富的历史资源。因此,我国的乡村建设不可能抛开中国历史"另起炉灶",也离不开对传统农耕文明的继承、革新和发扬。习近平总书记在浙江省工作期间,多次深入农村调研古村落、古民居、古树等历史文化古迹,还高度重视传统戏剧、非遗项目等非物质文化遗产的保护工作,并以"千万工程"的行动将中华农耕文明和当代乡村建设紧密衔接起来。

第一,要不断赓续发扬传统农耕文化,使其在新时代焕发新光彩。习近平总书记指出,新农村建设一定要走符合农村实际的路子,遵循乡村自身发展规律,充分体现农村特点,注意乡土味道,保留乡村风貌,留得住青山绿水,记得住乡愁。

乡土文化不仅是中华民族的共同记忆,也是人类文明宝库的宝贵财富,然而随着社会经济的加速转型,不少乡土文化面临传承危机,不少农业遗产甚至呈现加速消亡的趋势。

在"千万工程"中,浙江省针对农耕文化的边缘化现实采取了一系列有效措施,不仅注重保留原汁原味的乡愁乡韵,还注重对乡土文化进行活态传承。为了保护历史文化(传统)村落,浙江省先后制定《浙江省历史文化名城名镇名村保护条例》等法规,出台《浙江省人民政府办公厅关于加强传统村落保护发展的指导意见》《关于在城乡建设中加强历史文化保护传承的实施意见》等政策文件,并为历史文化(传统)村落累计投入省级财政资金 34 亿元,带动各类资金和社会资本 130 多亿元。通过"千万工程"的大力投入和示范引领,浙江省一大批濒临消亡的古村落和农业文化遗产得到传承和保护,拥有历史文化名城名镇名村街区共计 392 处,确定公布历史建筑 10 563 幢,总数均位居全国第一,其中,浙江省青田稻鱼共生系统被联合国粮农组织纳入首批世界农业文化遗产,这也是我国首个世界农业文化遗产。

第二,要充分利用农耕文明的优秀历史文化资源推进乡村建设。农耕文化不仅直接影响广大乡民的文化品位、道德规范和价值追求,还能为乡村产业振兴提供文化支持。"千万工程"对农耕文化的经济、政治和文化价值进行了充分挖掘。在经济价值上,浙江省重视做好乡村产业的"土特产"文章,为特色农产品赋予历史文化内涵,实现产品使用功能与文化功能相融合,提升特色产业附加值。在政治价值上,浙江省在乡村建设中注重发挥"新乡贤"的作用,巧妙利用传统乡规民约中的德治、法治和自治成分,动员广大农民投身建设之中。在文化价值上,浙江省将传统道德观念同社会主义核心价值观相结合,以农耕文明作为乡村"铸魂"工程的重要素材,培育当地良好的社风、乡风、家风和民风,改变农村的精神面貌。通过对农耕文明的传承和发扬,"千万工程"成功融入乡土中国,并在乡村建设中取得了事半功倍的效果。

在人类历史上,几乎所有的大国在面临现代化转型时都必须谨慎处理传统与现代的关系,尤其是对于中国这样的发展中国家而言,一旦贸然抛弃传统,则可能造成民族和文化认同上的混乱,但如果固守残缺,也势必在现代化道路上失去竞争优势。"千万工程"在处理乡村建设的过程中就很好地把握了传统农耕文化和现代文明的平衡点,一方面,坚持了中华文明的主体性,以农耕文化作为乡村建设之"魂",另一方面,并不是将农耕文化作为一件静态的文物高悬于博物馆中,而是让农耕文化在乡村建设中不断发挥自身的经济、政治和文化价值。通过对乡村建设的贡献,农耕文化在乡村中获得了更加深厚的群众基础,并且能随科技、经济和社会关系的变化不断自我革新,最终做到活态传承。

第七章 "千万工程"推进乡村建设

第六节 "千万工程"经验推动乡村建设的实践路径

当前,全国各地都开始根据中央相关文件的指示精神,结合实际创造性地推广"千万工程"经验,在乡村建设中取得了重要进展。在乡村建设的新征程中,其他地区应当如何更好地坚持和发展"千万工程"经验,使其为乡村建设指明方向道路,进而成为全面推进乡村振兴的重要法宝,是我们面临的重要时代课题。

一、以水滴石穿、久久为功的精神建立长效机制

2003年至今,浙江省持之以恒推进"千万工程"迭代升级,充分说明"千万工程"绝非一时兴起,而是经过了时间的考验。其他地区在学习"千万工程"经验的过程中,也绝不能搞"一阵风"的政绩工程,而是要立足民族复兴的伟大事业,从造福子孙后代的角度来开展工作。

第一,要持之以恒地学习"千万工程"经验。我国乡村建设的欠账较多,和城市相比差距很大,是一项长期的工作。浙江省在"千万工程"实施之前已经是我国经济发达的省份之一,其乡村由"脏乱差"到"农业强、农村美、农民富"的精彩蝶变尚且经历了20多年的时间,其他省份在推行"千万工程"经验时更不能贪图速度或是半途而废。尤其是对"千万工程"中的一些建成项目,必须辅之良好的营运管护机制,做到公共设施的可持续利用。总之,推进"千万工程"必须树立"功成不必在我,功成必定有我"的价值导向,将学习"千万工程"经验视作一项长期战略工作,稳扎稳打,持之以恒。

第二,在学习"千万工程"经验的顶层设计时,应当注重长期利益。习近平总书记曾以"一张蓝图绘到底"来形容

"千万工程",这句话不仅蕴含着"干到底"的决心耐心,也提醒我们开局的"一张蓝图"是何等重要。"千万工程"是习近平总书记在深刻认识"三农"工作规律、准确把握乡村农情民意的基础上作出的科学决策,早在启动之时就在顶层设计中注重长期利益。比如突出重视生态文明建设,就是因为不愿为短期利益牺牲子孙后代的长远利益。在推广运用"千万工程"经验时,各地政府也不能只盯着自己一时一任的成果,而是要树立长期发展的政绩观,多为长远发展计,为子孙后代计。

第三,在推广"千万工程"经验的过程中,也要注重乡村建设的动态发展性,做到久久为功与分期推进相结合。虽然"千万工程"是一项长期使命,但也要先易后难,集中力量解决一些人民群众迫切关心且较易解决的问题,增强农民的获得感,从而快速取得农民的信任和支持。浙江省的"千万工程"就经历了多次更新迭代,每5年出台一个行动计划,先后经历了示范引领阶段、整体推进阶段、升华提升阶段和转型升级阶段,每个阶段都有自身的目标任务。

未来各省在推行"千万工程"经验时,也应当有"一件事情接着一件事情办,一年接着一年干"的精神,从群众反映最强烈的问题入手,由点及面,针对不同时期的工作重心,把握推进时序、明确目标任务、细化实施方案,不断积小胜为大胜。

二、以量力而行、循序渐进的思维践行实事求是

习近平总书记指出,在乡村建设的过程中要加强分类指导,不要一刀切、搞运动,不要干超越发展阶段的事。

各地区学习"千万工程"经验一定要确保乡村建设同当地财力承受度、农民接受度相符合,同农村经济发展水平相适应,同当地文化和风土人情相协调。

第七章 "千万工程"推进乡村建设

一方面,学习"千万工程"经验不能超越本地区的发展阶段。这里的发展阶段既包括"硬实力",也包括"软实力"。从"硬实力"的角度来看,不同地区的财政能力和社会资本有强弱之分,这就导致不同地区对基础设施的投入能力不同。但很多地区无视这一差距,习近平总书记就曾指出一些乡村建设的乱象,"有的盲目大拆大建,贪大求洋,搞大广场、造大景点;有的机械照搬城镇建设那一套,搞得城不像城、村不像村;有的超越发展阶段、违背农民意愿,搞大规模村庄撤并"。还有的地区虽然一时上马了很多项目,但是这些项目缺乏后续的造血能力,最终成为资金投入的无底洞,后续的养护费用严重拖累了地方财政。这些盲目攀比、铺张浪费的现象,不仅无益于乡村建设,甚至可能带来地方政府的财政困境甚至债务风险。从"软实力"的角度来看,不同地区的农民接受程度和认识水平存在差异。有些地区的思想观念较为先进,应当以更大的力度推进基层民主自治,鼓励农民发挥首创精神;有些地区的农民则由于长期落后的社会经济条件,存在一些错误认知,比如在焚烧秸秆等问题上,经常存在农民对政策不理解、执行不到位的情况,再比如一些农村地区,天价彩礼、人情攀比、厚葬薄养、铺张浪费等不良风俗盛行,这些时候应当充分发挥基层党组织的引领作用,注重对农民的教育引导,积极推进移风易俗,为"千万工程"的推动提供良好的社会环境。

另一方面,量力而行也必须尽力而为。浙江省推进"千万工程"经历了20多年的不同发展阶段,不同县市也有不同的经济基础、人文环境和地理特征,因此不管是平原地区还是山区地区,也不管是发达地区还是相对欠发达地区,都可以从"千万工程"中获取经验,找到适合自身发展阶段的道路。因此,各地区都应当从站在全局高度和战略高度来看待推广"千万工程"经验,不仅要看到"千万工程"经验对于乡村建设的重要意义,还要看到"千万工程"在加快推进城乡融合、补齐中国式现代化短板、维护国家安全稳定、坚持以人民为中心的发展理念等问题上的重大作用。

三、以因地制宜、分类施策的策略推进精细落实

浙江省推行"千万工程"的重要成功经验之一就是因地制宜分类指导,不同地区都依照自身资源禀赋制定了独特的发展模式,比如"生态+文化"的安吉模式、"古村落保护+生态旅游"的永嘉模式、"公共艺术+创意农业"的龙溪模式、"乡村节庆+民宿产业"的萧山模式等。

这充分说明"千万工程"经验不是一种刻板的教条,而是一种深刻的理念方法。我国地大物博,各地区的地理特征、区位优势和人文风情较之浙江省内各县市的差距只会更大,因此更要因地制宜地将"千万工程"经验转化运用到乡村建设之中。

第一,因地制宜要充分把握当地的特色优势。特色优势既可以是地区经济发展程度的高度,也可以是独特的人文历史资源,还可以是已经形成的特色产业集群。浙江省在推行"千万工程"时,不少地区就以自身独特的优势开辟赛道。比如,桐乡市墅丰村充分利用自身作为著名文化人物丰子恺故乡的优势,以丰子恺漫画为特色 IP,将漫画元素融入乡村建设,并以此为依托开展特色文化产业。其他地区在学习"千万工程"经验时,也要从自身优势出发,做到"一村一策""一村一品""一村一韵"。比如,在农产品原料丰富的地区,就应当做好相关产业链的延伸;在拥有特殊文旅资源的地区,应当寻找文旅创意的突破口;在交通便利的地区,可以发展农村电子商务等。学习"千万工程"经验一定不能"一个样式盖到头,一种颜色刷到底",陷入同质化竞争。

第二,因地制宜要充分考虑当地在整个国家发展大局中的

第七章 "千万工程"推进乡村建设

职能。农村是中国社会稳定的压舱石，关乎国家全局安全和长远利益，这已成为乡村建设中的公论。乡村建设派的代表人物晏阳初就认为"乡村建设是整个社会结构的建设"。因此在学习"千万工程"经验的过程中一定要树立全局意识，充分认识到不同地区在发展大局中的职能不同，开展工作的出发点也必须有所不同。比如在一些粮食主产区，一定要牢牢守住耕地红线，确保当地粮食和重要农产品的稳定安全供给；在一些生态极端脆弱的生态补偿区，则需要以更加审慎的态度来对待工程推进和产业发展可能带来的生态影响。

因地制宜的背后蕴含着深刻的哲学原理，它同马克思主义哲学中"具体问题具体分析"的方法论指导不谋而合，也是党"实事求是"思想路线的灵活使用。学习运用"千万工程"经验的关键是学深悟透"千万工程"经验蕴含的理念方法，紧密结合自身实际，创造性开展建设。这也是检验学习运用"千万工程"经验成效最根本最重要的衡量标准。

第八章 "千万工程"推进乡村治理

第一节 乡村治理推动"千万工程"走深走实发展

乡村治理是国家治理的基石,也是中国式现代化的重要组成部分。按照中国式现代化的要求推进乡村治理是由国家治理的总体战略、乡村治理的历史发展和实践逻辑决定的。在乡村治理中加强党建引领既是马克思主义政党的使命自觉,也是顺应中国式现代化进程中乡村变革的重要之举,更是实现乡村治理体系与治理能力现代化的必然要求。"千万工程"在浙江省实施20多年来,不仅造就了万千美丽乡村,亦深刻改变了乡村治理模式。

一、现代化转型中的乡村治理

乡村群众利益诉求复杂多元,一方面,村民们改善乡村面貌、增收致富的愿望日益强烈,另一方面,村庄空心化、农户老龄化趋势不断加剧。基层党组织治理能力薄弱,党群关系的深度交互机制没有普遍建立起来,党建资源碎片化、执行力减弱、缺乏有效领导和工作方式单一等问题造成党建引领在某些时候悬浮于乡村社会之上,乡村社会治理存在一定的难度和挑战。这些变迁既是乡村治理在迈向现代化转型过程中必然经历的阵痛,也亟须在乡村治理现代化的过程中得到有效解决。党的二十大报告提出"推进以党建引领基层治理,持续整顿软弱涣散基层党组织,把基层党组织建设成为有效实现党的领导的坚强战斗堡垒",为新时代乡村治理指明了方向。

乡村社会的治理困境迫切要求提升党组织的基层治理效

第八章 "千万工程"推进乡村治理

能。从现实维度来看,党组织嵌入社会生活的方方面面,基层党建不仅能够引领乡村治理效能提升,在农村建设、代表农民利益、发展农村产业等方面都能成为推动者和引领者;从治理视角看,乡村治理创新也能够夯实基层党建,治理主体的互动性和治理效能的渐进性又可以提高基层党建的积极性和创新性。当复杂多元的乡村社会需求与乡村较弱的治理能力之间存在巨大张力时,超越行政机制和社会机制的党建引领可以精准把握乡村治理的需求,发挥农村基层党组织在乡村治理中的引领作用,积极推动乡村治理的现代化。

二、党建引领乡村治理的价值

党建引领乡村治理是百年来我们党基于"中国革命的基本问题是农民问题"的认知逻辑,也是基于"民族要复兴乡村必振兴"的价值逻辑。在中国共产党的坚强领导下,党组织嵌入到乡村治理的全过程,通过政治吸纳并运用政治资源实现对乡村社会的动员和整合,推动乡村从传统社会向现代化乡村社会转型。

第二节 党建引领乡村治理

一、推动农村基层党组织向坚强有力转变

当前乡村治理逐渐呈现这样的治理趋势:村党组织在党建引领下不断提升组织力,通过与多元主体配合将乡村分散化、脆弱性的资源系统性整合,推动分散化的乡村社会向整合化、组织化的现代乡村社会转型。这种以基层组织重构、多元主体嵌入为起点的治理转型,反映出以党建引领为核心的现代化治理体系具备化解乡村社会系统性危机和改善乡村治理的强大调适能力。提升组织力包括内向组织力和外向组织力的双重提

升,这是推进基层党建与乡村治理现代化发展的必由之路。在党建引领乡村治理能力提升的过程中要突出政治功能,以政治引领强化农村党组织建设。严把政治方向、强化政治定力,在宣传和执行党的路线、方针、政策时,将党中央和各级党委的各项计划和部署直接落实到基层,并转化为农民的实际行动。持续实施新时代"领雁"工程和"雁阵队伍"建设,"村民富不富,关键看支部;村子强不强,要看领头羊"。基层党员干部作为乡村发展和乡村治理的领头雁,要让既懂业务且组织协调能力又强的人来担任乡村党组织书记,全面建立村支部书记"亮晒比""传帮带"等工作机制,激发村支部书记干事动能。对一些组织涣散、贫穷落后的村,通过选派第一书记的方式实现乡村治理结构的"强筋骨"。常态化建立农村党员、村党组织书记后备人才"蓄水池",持续推动党员"进出管育爱"全流程管理,建强农村青年人才支部,不断增强内向的组织力。同时,在不打破现有行政区划管理体制、不改变原有党组织隶属关系和功能形态的前提下,因地制宜探索横向联动、纵向贯通、开放多元的党建联建,将农村、部门、企业、合作社、新兴组织等各领域党建资源力量统筹起来,加快推进党建联建助力共同富裕,提升拓展党组织的外向组织力。

二、推动农村基层党组织向带领群众致富转变

增加农民收入、振兴集体经济是党建引领乡村治理实现共同富裕的密码。首先,聚焦"致富"挖掘有前景、可持续的集体经济"新增长点",夯实农村共同富裕的物质基础。鼓励村集体统筹利用乡村空间、特色产业、地域文化等多种资源,完善乡村功能布局,构建农村一二三产业联动发展体系。通过引进拥有丰富经验的企业进行专业运营,积极整合乡村历史、民俗、节庆等文化资源,活态化传承乡村非物质文化遗产,将集体经济发展与生态保护、文化传承、环境整治有机结合,创

第八章 "千万工程"推进乡村治理

新资源运营模式，打造具有乡村地域特色与较大市场价值的全域旅游优质品牌，以"党建创新项目"为抓手，在每个乡村建立一个高质量的村企联建项目。其次，聚焦"带富"培育有情怀、懂经营的集体经济发展"带头人"，夯实农民农村共同富裕人才基础。用好"原乡人"，做好乡贤引领工作，以家乡情怀为纽带激活乡贤资源、凝聚乡贤智慧、汇集乡贤力量，发挥乡贤在乡村治理中的重要引领作用；吸引"新乡人"，注重引入外部专业人才和团队，增强对创新创业政策、资金、土地等方面的扶持力度，充分发挥人才专业优势，为乡村发展提供新思路、新活力；发展"回乡人"，建立在外人才信息台账，开展调查联络、意向询问、政策介绍等人才引进工作，引导在外的乡贤、大学生等回村发展，保证高素质人才的可持续供给。最后，聚焦"共富"，完善农户利益维护与村集体经济发展的利益共享机制，夯实农村共同富裕的利益基础。在做大集体经济"蛋糕"的基础上分好"蛋糕"，让更多农民公平地享受到乡村产业发展的效益，避免因利益分配不均衡引发社会问题。

三、推动农村基层党组织向积极主动型转变

增强村级党组织的服务引领功能，密切联系群众，同时需要关注不同阶段农民利益诉求的变化，精准对接乡村居民差别化需求，充分保障农民的利益得到合法化、合理化满足。针对村民们日益增长的政治参与需求，切实推进乡村全过程人民民主实践，进一步完善"四民主两公开"、村民议事等程序，让过程更加公开透明、结果更加民主公正。聚焦社会、民生、文化领域发展不平衡不充分的突出问题，要坚持以村民高品质的生活需求为出发点，完善基础设施建设，打造优美宜居的生活环境。接续选派驻村第一书记、驻村干部、农村工作指导员、选调生和工作队，组建专业化、高素质的"有求必应"管

团队，建立以民生需求为导向的供给和反馈机制，坚持点对点、零距离服务，为村民提供"多领域""一站式""高效率"服务。在乡村治理全局中，农村基层党组织需要运用系统性思维把握正确的治理方向，要综合分析治理重点和关键领域，整合乡村社会治理力量，保证各个治理主体的功能得到有效发挥、优势用到最恰当的领域，避免"大包大揽"。农村基层党组织要明晰自身和其他治理主体之间的权力关系，承担相应的责任，发挥好示范带头作用并协调好其他利益主体间的利益关系，通过各方力量积极建言献策为乡村治理集思广益，从而探索更多的治理"良方"。平等是多元治理主体协作的前提，要充分尊重各个治理主体，通过搭建和完善乡村治理多元主体协同平台，保证在对话、协商、谈判中各个治理主体的权利平等。

四、推动农村基层党组织向一核多元转化

中国共产党依托政治领导力、思想引领力、群众组织力、社会号召力，带领农业农村取得了历史性成就，带领全体人民打赢了人类历史上规模最大的脱贫攻坚战，历史性地解决了绝对贫困问题。在全面推进乡村振兴道路上，中国共产党需要通过宏观上的组织动员、微观上的党员参与和社会力量的汇集，构建"一核多元、协同共治"的乡村治理共同体。乡贤、驻村干部、乡村组织、村民等多元主体在农村基层党组织的统一领导下，协商村里大事要事、参与乡村事务管理、解决乡村社会问题。增强农村基层党组织在乡村治理中的群众组织力和社会号召力，发挥好农村基层党组织对村民自治组织、各类合作社、经济组织以及其他乡村治理主体的领导作用。加强农村基层党组织的思想引导、组织支撑、监督约束和评议牵引，发挥各类主体参与乡村治理的最大合力，既上下联动又左右对接，形成"合理分工、协调共治"的治理格局。要健全现代乡村

第八章 "千万工程"推进乡村治理

治理体系，提高乡村的政治、自治、法治、德治能力。同时，随着基层治理现代化的变迁，乡村的智治能力亟待加强。坚持政治、自治、法治、德治、智治相结合的乡村治理体系是新时代提升乡村治理能力的根本要求。基层政府要主动转变职能，创新"五治融合"的有效载体，理顺乡村治理多元主体之间的职能关系，完善村民代表制度、村务监督制度、村务公开制度及相关管理制度等，为乡村治理提供制度保障。

第三节　乡村治理水平提升的实现路径

乡村治理是国家治理的基石，也是乡村振兴的重要内容。2024年中央一号文件提出提升乡村治理水平，并对乡村治理工作进行了全面部署。当前，我国乡村社会发生深刻变迁，城乡社会在人口流动、信息交换、文化交融等方面更加频繁和深入，这就要求乡村治理在理念、方法、手段等方面做出调整和创新，以适应乡村社会的新变化。同时，乡村产业发展、乡村建设和乡村治理是一个有机整体，乡村治理为乡村产业发展和乡村建设提供组织保障和精神动力。因此，要学习运用"千万工程"蕴含的发展理念、工作方法和推进机制，突出抓基层、强基础、固基本的工作导向，健全党组织领导的自治、法治、德治相结合的乡村治理体系，加强农村精神文明建设，确保农村社会稳定安宁，切实提升乡村治理水平。

一、繁荣乡村文化

中华文明根植于农耕文明，农耕文化是我国农业的宝贵财富，是中华文化的重要组成部分。优秀乡村文化能够提振农村精气神，增强农民凝聚力，孕育社会好风尚，发挥着"以文化人"的重要功能。

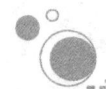

(一) 改进创新农村精神文明建设

习近平总书记指出,实施乡村振兴战略要物质文明和精神文明一起抓,特别要注重提升农民精神风貌。要推动新时代文明实践向村庄、集市等末梢延伸,促进城市优质文化资源下沉,增加文化产品供给。

加强思想政治引领,深入开展听党话、感党恩、跟党走宣传教育活动,增强农民群众对党的拥护。

(二) 加强乡村优秀传统文化保护传承和创新发展

一方面,要保护好农业文化遗产、农村非物质文化遗产、乡村文物等农耕文化载体。另一方面,要挖掘优秀农耕文化中蕴含的应时守则、父慈子孝、敬老孝亲、兄友弟恭、勤俭持家、淳朴敦厚、吃苦耐劳等精神品格,将其重构为社会主义核心价值观引领下的"村规民约",将其内化为价值准则,外化为行为规范。

(三) 促进群众性文体活动健康发展

这几年,一些地方搞的"村BA""村超""村晚"等很受欢迎,其中一个重要的经验启示是让农民唱主角。当前,农民精神文化生活总体相对匮乏。繁荣乡村文化生活要"上下"结合,一方面,适应农民的现实需求,增强政府文化供给的有效性和针对性,不仅要"送文化",还要"种文化",注重培养一支乡土文化人才队伍。另一方面,要广泛开展群众性文化体育活动,发挥农民主体作用,支持、引导农民群众自发组织开展富有农耕农趣农味的文化体育活动,积极营造全民参与的文体活动氛围。不断创新活动形式、内容,注重将各类文体活动与农事农季相结合,与民俗节庆相结合,与农产品展销相结合,精心打造体现地方特色、符合农村传统的乡村文体活动载体。

二、推进移风易俗

近年来,相关部门贯彻落实党中央、国务院决策部署,开展高价彩礼、大操大办等农村移风易俗重点领域突出问题专项治理工作,取得积极进展。但是,天价彩礼"娶不起"、豪华丧葬"死不起"、名目繁多的人情礼金"还不起",以及农村老人"老无所养"等问题还不同程度存在。

(一) 强化村规民约的激励约束功能

不少地方在村规民约中制定了婚事新办、丧事简办、孝老爱亲等约束性规范和倡导性标准,有的地方还通过"积分制"建立奖惩机制,村民们照此办理,有效刹住了攀比风。

(二) 为农民婚丧嫁娶等提供普惠性社会服务

村"两委"要主动关怀,为群众办实事、办暖心事,因地制宜利用村里的文化广场、文化礼堂等各类场所,为农民提供办事场所。有效发挥红白理事会、志愿服务组织等的作用,为农民红白事操办提供帮助。

(三) 推动党员干部带头承诺践行,发挥示范带动作用

"村看村,户看户,群众看党员,党员看支部"。要充分发挥农村党员干部的模范带头作用,带头革除陋习,培育农村文明新风尚。

三、建设平安乡村

农村改革发展离不开稳定的社会环境。

(一) 坚持和发展新时代"枫桥经验"

近年来,农村民事纠纷类型越来越多元,原来农村矛盾主

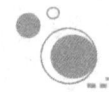

要集中在农民负担、征地补偿等类型,现在则表现为邻里关系、合同劳资、农村养老、医疗事故、土地纠纷等多种类型。要完善矛盾纠纷源头预防、排查预警、多元化解机制,切实把矛盾解决于萌芽、化解在基层,防止"小事拖大、大事拖炸"。

(二)持续打击各类违法犯罪

健全农村扫黑除恶常态化机制,不断巩固农村扫黑除恶专项斗争成果。

持续开展打击整治农村赌博违法犯罪专项行动,加强电信网络诈骗宣传防范。

(三)开展农村重点领域安全隐患治理攻坚

一个时期以来,有的地方自然灾害和安全事故多发,而农村的防灾救灾设施配套不足,农民的自救意识和能力较弱。中央一号文件要求,加强农村防灾减灾工程、应急管理信息化和公共消防设施建设,提升避险和自救互救能力。

(四)加强法治乡村建设

一方面,要加强法治宣传教育,大力开展"民主法治示范村"创建,深入开展"法律进乡村"活动,实施农村"法律明白人"培育工程,提高基层干部群众的法律意识和法治观念。另一方面,加强法律服务,加强和规范农村法律顾问工作,教育引导农民群众办事依法、遇事找法、解决问题用法、化解矛盾靠法。

第四节 环境污染与乡村公厕

"千万工程"是习近平总书记在浙江省工作期间亲自谋划、亲自部署、亲自推动的重大决策,将实施"千万工程"

第八章 "千万工程"推进乡村治理

作为加快生态省建设的重要抓手，将减少农业污染、整治农村环境，改善农村生态，提高资源利用效率，促进人与自然的和谐，实现农村可持续发展作为生态省建设的重要内容。"千万工程"实施20多年来，造就了浙江省万千美丽乡村，造福了万千农民群众。

一、创新农村环境治理投入方式

鼓励按照生态环境导向开发的（EOD）理念，加大农村领域生态环保重大工程项目融资，以市场化手段，促进农村生态环境治理类项目与区域开发等经营性项目同步设计、一体实施，形成可持续、可复制、可推广的市场化融资模式。同时，科学谋划项目，充分发挥省级生态环保专项资金的撬动作用，积极争取中央农村环境整治资金支持。

二、持续加强农村环境监管执法

加强畜禽养殖污染防治，严控粪肥超量施用污染环境，依法查处无证排污、不按证排污、污染防治设施不正常运行等行为。加强农村饮用水水源地周边污染源执法监管，强化突发水污染事故风险控制和应急管理。加强工业固体废物、危险废物、城镇生活垃圾、建筑垃圾、未经达标处理的城镇污水等向农田、池塘、河道等转移、倾倒、填埋等监管，依法查处环境违法行为。

三、加强农用地土壤环境保护

强化农用地土壤镉等重金属污染源头防控，开展受污染耕地源解析，推进有色金属矿区历史遗留废渣污染治理。禁止向农用地排放重金属或者其他有毒有害物质含量超标的污水、污泥，以及可能造成土壤污染的清淤底泥、尾矿、矿渣等。未利用地、复垦土地等拟开垦为耕地的，应依法开展土壤污染状况

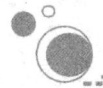

调查，不符合农用地土壤环境质量要求的，严禁复垦为耕地。

四、递进式开展人居环境整治提升

垃圾处理难、污水处理难和居民如厕难，是很多农村地区面临的普遍性难题。为解决这些现实困难，改善人居环境，"千万工程"实施过程中掀起了对生活垃圾、污水和厕所整治的"三大革命"，递进式开展人居环境整治提升，大力开展农村"九改五清"工程（即改路、改水、改气、改厕、改线、改危房、改入村口、改照明、改垃圾处理方式；清垃圾、清杂物、清断垣残壁、清庭院、清新增违建），既解决"垃圾成堆、污水横流"等问题，又为日后发展腾出空间。

第九章 "千万工程"推动乡村发展

第一节 做好乡村特色产业

瞄定"特色产业",让"特色产业"得以"特色发展",是振兴乡村产业、拓展农民致富的重要路径。党的二十大报告提出:"发展乡村特色产业,拓宽农民增收致富渠道。"这为乡村产业振兴和农民致富指明了方向。

推动乡村特色产业发展意义重大。"特色产业"是产业振兴的主要"抓手",契合现代市场农业的发展方向,是新时代广大农村的"富民产业"和"富民工程",有着可期待的发展潜力和发展前景。

乡村特色产业以独特资源为基础,以不同的区域品牌为特征,以特殊产品品质和高市场认可度为特点。也就是说,"特色产业"源于自然因素与社会因素的共同作用,又是乡村产业变革和产业进化的结果。在广大农村,虽然各个地方、各个区域环境条件不尽相同,但都不同程度地存在着带有自身特点的产业发展优势。这些优势和条件,经过科技、市场、人才诸因素的组合与作用,通过以数字技术为代表的现代技术的植入、相关产业的深度融合、城乡关系的变迁以及社会资本的大量进入,就会成为助力特色产业发展的强大动能。

做好乡村特色产业这篇大文章,关键是契合市场需求、产业特色与资源禀赋,在发展方式、发展业态和发展路径上不断创新。

一、强化特色产业的技术支撑

打造高新技术化和实用技术化的特色产业,用高新技术带动特色产业的提升和发展。一方面,推动国家、省级现代农业产业技术体系覆盖更多的特色产业和特色产品,引导特色产业走技术更新和品种改良的发展路子。另一方面,完善特色产业技术研发体系,提升特色产业生产流程、工艺流程以及新产品、新业态的研发水平。

大力培养特色产业急需的各类人才,如特色产业所需的高端人才、实用型专有人才、特色技术工匠和技术技能带头人等,夯实特色产业发展的人才基础。

二、构建现代产业链和产业体系

通过特色产业"链式"发展和"体系化"发展,形成产业化和规模化效应,增强特色经营和产业收益的稳定性。一方面,构建以龙头企业牵头、家庭农场和农民合作社跟进、众多小农户参与的特色产业"链式"联合体,形成分工协作、优势互补、联系紧密的利益共同体,增强特色产业持续发展能力,提高对自然风险和市场风险的抵御能力。另一方面,在特色种养、特色加工、特色食品、特色制造和特色手工业等领域,培植龙头企业,形成产业链,构建有鲜明地域特色、市场价值大、技术工艺独特、创新创业活跃、利益联结紧密的现代乡村特色产业体系。

三、深耕特色产业数字化

建立特色产业数字化连接,通过"数字翅膀",推动特色产品更快地出村进城,走向大市场。一方面,建立智慧农业发展体系,运用大数据技术对种养业优质品种进行智慧选育,提升育种效率和精准度,利用传感器数据采集建模技术对特色种

第九章 "千万工程"推动乡村发展

养业实行精准化种养、可视化管理,利用大数据及人工智能的数据技术对特色农作物病虫害实行精准防治,利用机器人技术对产品生产加工过程进行自动化改造。另一方面,提升农村电商功能,通过电商平台提升特色产业生产组织化和品控标准化,鼓励平台发展直采、定制生产基地,在特色产业源头端建立数字化基地,建立"大数据+特色产品产供销一体化"发展模式,促使产业链得到有效延伸、供应链得到更好优化、价值链得到更快提升。

四、扩大特色产业品牌效应

"品牌"是特色产业走向市场的"通行证",也包含着特色产品的"颜值"担当。这里的"品牌"家族,包括"绿色"品牌、"老字号"品牌、"乡字号"品牌、"土字号"品牌等。一方面,推行特色产业绿色生产模式,制定不同特色产品的生产标准,推进有机农产品生产认证,组织符合条件的产品申报国家级无公害农产品认证和国家地理标志保护产品认证,推动特色产业向标准化、品质化、有机化方向发展。另一方面,推动带有"品牌"特征的优质产品基地建设,在扩大优质产品供给能力的基础上,提高特色产品的附加值和特色产业的经营效益,发挥特有的品牌带动效应。

五、畅通特色产业流通体系

加快构建特色农业生产体系、经营体系、流通体系,发挥农村电商在购销两个环节的作用。

一方面,提升乡村电子商务发展水平,加强乡村信息网络基础设施,加快发展农产品冷链物流设施,通过"互联网+"促使特色产品高效便利地出村进城,扩大特色产品覆盖的空间范围,引导电子商务、物流、商贸、金融、供销、邮政等到乡村布局设点,重点是依托农家店、农村综合服务社、村邮站、快递网点、农产品购销代办站等发展农村电商末端网点。另一方面，扩大乡村电子商务的应用，推动电商向特色产业生产、加工、流通等多环节多方面渗透，通过流通体系建设，加快特色产业的产销贯通，把更多的特色"小产品"做成"大产业"。

六、聚焦特色产业生产标准化

把特色产业的标准引领与绿色引领、质量引领、附加值引领有机结合起来。一方面，建立特色产品质量标准体系，明确包括质量、规格、等级、形状和成色在内的特色产品标准化要求，促使特色产品"有量有质""有品有牌"，以质量标准保证特色产业的高质量发展，打造特色产品品牌标准，明确相关特色品牌产品的品质特点和标准要求，强化特色品牌质量保证，提高消费者的辨识度和认可度。另一方面，加强标准化监管，不但在生产环节和加工环节进行监管，而且在市场准入环节、流通销售环节以及消费环节进行数字化跟踪和反馈。

七、助力特色产业融合发展

通过跨界对接、整合和优化等多种路径，深化特色产业多维度融合发展。一方面，推动特色产业链纵向拓展延伸发展，在提供种养方面全程技术指导和服务基础上，推动加工环节、流通环节融合"链式"发展，确保农产品和畜禽产品的加工、贮存、物流、营销等环节相互有效衔接，更好拓展特色产业发展空间，不断提高特色产品经营效益和经济附加值。另一方面，推动特色产业与外部其他产业融合发展，以"特色产业+"的形式，与文化、旅游、教育、康养等产业深度融合，形成乡村特色创意产业、特色功能产业。

第二节 "千万工程"宝贵经验谱写高标准农田建设新篇章

"千万工程"是习近平总书记在浙江省工作时亲自谋划、亲自部署、亲自推动的一项重大决策。20多年来,浙江省持续纵深推进"千万工程",创造了农业农村现代化的成功经验和实践范例,造就了万千美丽乡村蝶变,造福了万千农民群众致富。近日,中央财办、中央农办、农业农村部、国家发展改革委四部门印发《关于有力有序有效推广浙江"千万工程"经验的指导意见》的通知,部署各地要在充分认识总结推广"千万工程"经验的政治意义、理论意义、实践意义基础上,因地制宜健全推广"千万工程"经验长效机制。农田建设系统要学深悟透"千万工程"蕴含的科学方法,结合实际运用好"千万工程"宝贵经验,在新时代新征程上奋力谱写高标准农田建设新篇章。

一、高标准农田建设工程管理

一是要在顶层设计上制定科学合理的规划,以规划先行为高标准农田建设定下基调和提供保障。

首先,设立高标准农田建设专门组织管理机构,构建由县、乡镇、村三级领导干部参与的高标准农田建设指挥中心,责任落实到人,强化各单位、部门的组织协调工作。其次,要根据地方实际全盘规划高标准农田建设工作,要在对基本农田资源条件、农业基础设施投入状况等进行充分调研的基础上科学规划高标准农田建设项目,切实做到因地制宜、统筹谋划。

二是要在资金投入上加大投资力度、完善投资机制,实现高标准农田建设资金的多渠道筹措,并在资金管理上创新分配机制,调动参与主体的积极性。

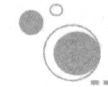

三是要完善高标准农田建设管理制度，尤其是在监督管理制度方面，应覆盖到高标准农田建设工程项目管理的各个环节，做到监管无死角，制度全覆盖。

四是要加强建后管护工作，确保高标准农田建设发挥长效作用。诸多的案例研究已经表明，建后管护工作对于高标准农田建设项目的效益发挥具有至关重要的影响，切实解决好建后管护工作中存在的问题，是高标准农田建设项目管理中的核心任务。

二、用好"千万工程"宝贵经验谱写高标准农田建设新篇章

（一）坚持人民至上，打造民心工程

坚持"群众要什么、我们干什么，干得好不好、群众说了算"，引导群众自觉投入工程建设，共建共享美好家园，把群众满意度作为工作成效的最高评判标准。不搞形象工程，坚持求真务实、数量服从质量、进度服从实效，求好不求快。严禁搞脱离实际的"样板工程""政绩工程"，确保经得起历史和群众的检验。坚持尊重农民意愿，尊重农民主体地位和首创精神，让农民成为项目建设的参与者和受益者。项目开工前，大兴调查研究，走进田间地头、深入农民群众，察民情、听民意、汇民智、聚民力，科学规划、合理布局，着力解决好高标准农田建设中的"急难愁盼"。

项目建设中，坚持农民利益不受损，邀请项目区村民代表参与项目施工进度与质量监督，及时收集协调解决民意。项目验收时，梳理汇总群众监督评价意见和鼓励参与建后管护。时时、事事、处处为民，切实把高标准农田建设项目建成优质工程、民心工程、放心工程。

（二）坚持绿色发展，打造生态工程

树牢"绿水青山就是金山银山"理念，扎实推动绿色农田建设。重视发挥农田生态功能，扎实推进高标准农田建设，实施国家黑土地保护工程，稳步推进盐碱地综合利用。发挥好规划统筹作用，积极推进新建一批节水型、生态型灌区，科学合理安排农田防护林体系建设，加强秸秆综合利用等，提升农业生态系统可持续性，积极探索提升农田固碳增汇能力。

（三）坚持因地制宜，打造实用工程

坚持从实际出发，因地制宜、分类施策，按照《高标准农田建设通则》划分的东北区、黄淮海区、长江中下游区、东南区、西南区、西北区、青藏区七大区域，分区分类制定完善标准体系，"田、土、水、路、林、电、技、管"综合配套，因地制宜确定建设内容，确保建成的高标准农田质量高、用得好、长见效。

（四）坚持久久为功，打造百年工程

高标准农田建设功在当代、利在千秋，要分阶段、分步骤、有重点实施。2022年年底，全国已经建成10亿亩高标准农田，当前及今后一个时期，将逐步把永久基本农田全部建成高标准农田，要保持战略定力，锲而不舍、绵绵用力、接续奋斗，一任接着一任干，坚持一张建设蓝图绘到底。要落实《高标准农田建设质量管理办法（试行）》要求，严格项目法人责任制、招投标制、工程建设监理制和合同管理制，从源头上保证项目实施质量；落实《高标准农田建设项目竣工验收办法》要求，规范项目竣工验收流程，对质量问题零容忍，发现一起、处理一起。以责任落实推动工作落实、政策落实，同时强化制度、组织、资金、人员各方面保障，完成好高标准农田建设这项国家大事、百年大计。

（五）知之愈明，则行之愈笃；行之愈笃，则知之益明

深学细悟"千万工程"好经验好做法，推进今后一个时期高标准农田建设，是一项事关全局的战略举措。农田建设系统同志们肩上扛的，不仅是端牢中国饭碗的政治责任，也是人与自然和谐共生的基础支撑，更是中华民族永续发展的千秋大计。

第三节　发挥新型农业经营主体作用

近日，《中共中央　国务院关于学习运用"千村示范、万村整治"工程经验有力有效推进乡村全面振兴的意见》正式发布。2024 年的中央一号文件以学习运用"千万工程"经验为主线，对今后一个时期推进乡村全面振兴工作进行了系统部署，其中，包含构建以小农户为基础、新型农业经营主体为重点、社会化服务为支撑的现代农业经营体系。作为建设农业强国、促进乡村振兴的骨干力量，新型农业经营主体需着力把好三个方面的发展，不断提升经营管理水平。

一、新型农业经营主体要抓实规范发展的基本点

规范化建设是促进新型农业经营主体高质量发展的重要因素和基础。

农业农村部坚持加快培育新型农业经营主体重大战略，深入实施新型农业经营主体提升行动。截至 2023 年 10 月底，已有 19.6 万个家庭农场获得"一码通"赋码，以"一码定场"实现直接获客；11.5 万个家庭农场注册应用"家庭农场随手记"免费记账软件，规范财务收支和成本核算；全国县级及以上农民合作社示范社达 20.9 万家、示范家庭农场达 20.2 万个，农民合作社和家庭农场规范化运营水平不断提高。但仍要认识到，新型农业经营主体规范化建设并非短期任务，需要坚持不懈、久久为功，经营主体在积极投身粮食和重要农产品生产、一二三产业融合发展等过程中，要主动强化示范引领，从健全组织机构、规范财务税务、优化运行机制、合理分配盈余、提升人员素质等方面抓实规范发展的基本点。

二、新型农业经营主体要抓牢带动小农户的利益联结点

在"人均一亩三分地"和"户均不过十亩田"的国情下，小农户仍是我国农业经营的基本面。以农民合作社为代表的新型农业经营主体通过订单合同、专业合作、股份合作、农业产业化联合及多种联结方式并存等方式，带动农户获得股金分红、盈余返还、务工收入，实现增收致富。随着2024年政府工作报告提出要稳步推进农村改革发展，新型农业经营主体可进一步探索创新联农机制，除吸纳农户土地、劳动力、农机等资源要素外，还可有效盘活农户闲置宅基地，增加农户资产性收益。需要注意的是，利益联结模式的选择需综合考量产业特性、主体发展阶段、农户素质条件等，最重要的是要激发小农户内生动力，增强造血功能，帮助其实现多业经营、综合创收，逐渐发展成家庭农场或组建农民合作社，形成利益联结正向循环。

三、新型农业经营主体要抓好社会化服务的支撑点

农业社会化服务可使小农户在不转让土地经营权的前提下实现规模经营，符合我国农业生产实际和当前政策要求。新型农业经营主体是当前我国众多农业社会化服务组织的重要组成部分，新型农业经营主体聚焦农业生产关键薄弱环节和小农户，以土地流转或代耕代种托管方式，为农户提供多元化农业生产经营服务，不断提升农业机械化、农业装备现代化和数字

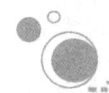

化水平，把小农户导入现代农业发展轨道。但是也要看到，新型农业经营主体服务过程规范化不够，缺乏监督管理，问责赔偿机制不畅；经营主体区域性分布明显，因地域性限制等导致竞争不充分，服务和价格还有让利于小农户的空间；对待服务对象更倾向于大户等。因此，建议各级政府出台加大对小农户提供社会化服务的政策支持，经营主体则应不断拓宽服务领域和模式，切实降低农户生产经营各环节成本。

东风浩荡，吹响嘹亮的奋进号角，神州大地涌动着推进中国式现代化的澎湃春潮。希冀全国新型农业经营主体，锚定建设农业强国目标，以学习运用"千万工程"经验为引领，循序渐进、久久为功，夯实规范基础、完善联农机制、拓展服务功能，在加快农业农村现代化、更好推进中国式现代化建设中迈出笃定步伐、作出新的贡献。

第四节　以全域土地综合整治助力"千万工程"

一、全域土地综合整治的理论内涵

人地关系是最为基础的一对关系。从中华人民共和国成立初期的"打土豪分田地"到土地制度改革，从家庭联产承包责任制到完善承包地"三权分置"，数次重大历史转折都源于人地关系的调整。土地整治正是抓住了人地关系这一核心枢纽，在完成农用地优化提升、村庄优化提升、城乡低效建设用地与生态环境优化提升等的基础上，促进城乡关系、产业关系、治理关系同频共振、协同优化，具有三重核心内涵。

（一）城乡关系的协调优化

长期城乡二元结构导致乡村人口、资金、物资等生产要素持续向城市单向流动，"空心村"现象显著。全域土地综合整治打破了以土地利用结构优化和功能提升为主要内容的局限，从城乡全域空间出发，统筹整治项目在各空间上的分布数量与关系，强调人口、产业等关键要素的联动效应，通过合村并居、合村并镇、设施重建等途径，有效提高土地利用效率，为矫正城乡关系失衡提供了有力的政策工具。

(二) 产业关系的升级调整

全域土地综合整治将资金、人力、技术等要素通过项目整合的方式导入乡村地区，为乡村产业振兴腾挪空间，提供多元发展机会。一方面，通过调整零散农用地，大规模建设高标准农田、改良土壤，稳定耕地数量、提高地力，保障粮食与主要农产品供给，推动农业发展由增产转向提质。另一方面，通过挖掘乡村多元价值，培育"美丽乡村+农业、旅游、文化、体育、康养"等新业态新模式，为农村一二三产业联动发展奠定坚实基础。

(三) 治理关系的整体再造

系统理论认为，一切系统都具有整体性、互联互通性、动态平衡性与复杂性。全域土地综合整治是一项系统工程，村庄规划编制、工程选址、补偿安置、权属调整和项目验收等重大事项均涉及农民切身利益，需要行政部门、乡村集体经济组织、企业和个人等"互联互通"。

因此，全域整治过程，一方面，将弱化、低效的基层治理组织以合理方式进行重组。另一方面，通过优化农村民主制度，帮扶具有一定治理能力，但体制机制依然不健全的农村集体经济组织。双向作用下，系统重塑了乡村治理体系与治理能力。

二、全域土地综合整治打造了浙江省"千万工程"的强大引擎

"千万工程"是马克思主义理论守正创新的智慧结晶，让

以人为本、生态文明等习近平新时代中国特色社会主义思想在实践中不断深化。在"千万工程"思想逐渐成形的过程中,全域土地综合整治为其注入了强大动力,擘画了人与自然和谐共生的美好画卷,奠定了城乡融合发展大基调。

(一)践行"三生融合"价值逻辑,擘画人地共生美好蓝图

新时代的全域土地综合整治是对"山水林田湖草"进行全面系统整治,始终根植"三生融合"新发展理念,通过全域规划、全域设计、全域整治,深度践行"千万工程"所蕴含的绿色发展观。

一是通过调整零散农用地、永久基本农田布局,优化生产空间。二是通过补齐农村水电路网等基础设施和公共服务设施落后短板,改善乡村"老、破、小"落后风貌,优化生活空间。三是通过推动"生态修复+"模式,开展生态型土地综合整治项目、废弃矿山治理等系列工作,改善生态空间。统筹优化"三生空间",全面促进乡村"产城人文景"深度融合,使人与自然连接成为相互包容、互相影响的生命共同体。

(二)坚持"要素流动"发展逻辑,打通城乡共富的连接通道

长期以来,我国城乡二元结构造成要素流动受阻、资源分配不公、发展水平不均。"千万工程"的实施,系统推进了城乡基础设施互联互通、公共服务共建共享、产业发展互补互促,走出了从人居环境整治向乡村空间全面振兴的新路径,构筑了城乡融合聚变的新机制。全域土地综合整治运用系统思维,发挥土地、劳动力、资本、技术等"全要素"整体效应,并作为城乡资源交换平台,不断优化资源配置格局、开辟要素流动通道。

一方面,以城乡建设用地增减挂钩与耕地占补平衡制度置换土地指标,优化空间格局。另一方面,依托"土地综合整

第九章 "千万工程"推动乡村发展

治+"引入社会资本,通过市场、技术要素下乡增加外部投资,活化乡村产业。最终,通过发挥"要素流动"的串联效应,进一步推动了"千万工程"打造的城乡互促、全民共富之路走稳走实。

(三)深化"以人为本"民生逻辑,促进物质与精神的全面协同

"以人民为中心"思想与马克思主义世界观、历史观一脉相承。全域土地综合整治将"以人为本"作为根本出发点,遵循客观规律,尊重农民意愿。

典型地区成功的一个重要原因,就是始终顺应人民对美好生活的期待,通过深度挖掘闲置资源潜能,不断拓宽乡村"两山"转化的高质量发展空间,将提升农民群体幸福感与改善民生福祉贯穿于实践全过程。

一是寻求乡村空间正义,确保农民全程参与,满足"居者有其屋"的基本安全需求。二是着力推动城乡公共服务设施均衡化,响应人民个性化需求。三是同步深入实施"农民素质提升工程",通过迭代强村公司、"飞地"抱团等模式,完善联农带农机制,培育新农人、新农匠,支撑人民发展型需求,有力深化了"千万工程"蕴含的"保民生、促发展、求公平"价值理念,真正使其成为一项惠民工程与德政工程。

(四)创新"扁平一体"的组织逻辑,推动治理能力升级提档

"千万工程"背景下的土地整治跳出了过去重造地、重指标、重项目的短期思维,也力戒不切实际的形式主义,建立起了可复制、可推广的实践模式与制度体系。

"千万工程"实施、深化的过程,本质是有为政府与有效市场"双轮驱动"、互为补充的过程。

全域土地综合整治实践按照"规划、建设、运营、治理"

可持续发展要求，构建起"省管统筹、市级协调、县为主导、乡镇实施"的"一级抓一级、层层抓落实"的工作推进机制。两者均需政府、市场与人民深度参与，形成"点线联结"的跨部门、跨组织协同治理网络。例如，浙江省从横向维度建立了发改、财政、自然资源、生态环境、林业和草原等跨部门协同机制，从纵向维度建立了"省—市—县—乡"四级联动工作格局，并通过充分运用省域空间治理数字化平台，为市场、农户参与整治实践"搭台"，显著提升了国土空间治理效率，助推治理体系与治理能力现代化建设。

三、"千万工程"迭代升级深化了对全域土地综合整治的内涵

20多年来，"千万工程"取得了历史性、开拓性的巨大成就。从"千村示范、万村整治"引领起步，到"千村精品、万村美丽"深化提升，再到"千村未来、万村共富"迭代升级，其中蕴含的科学自然观、普惠民生观、全民行动观、绿色发展观，深刻影响着乡村生产、生活与生态，创新重塑新型工农城乡关系，为世界提供了中国式乡村建设与发展的"重要样板"。在此背景下，全域土地综合整治理论不断深化、实践不断丰富，绘就万千乡村各美其美、美美与共的山河蓝图，焕发出强大的时代生命力与实践引领力。

（一）"千村示范、万村整治"阶段（2003—2010年）

锚定乡村人居环境，筑起典型引领之标。这一阶段，"千万工程"遵循"以点带面、典型示范"建设路径，提倡以改善农村生态环境、提高农民生活质量为核心的村庄治理行动，推动土地综合整治理念从"以地为本"向"以人为本"转型"。整治内容从传统零散地块调整拓展至农村基础设施完善、农业面源污染防治、农民住房风貌提升三大方面，初步彰显"生态化"理念。

2007年前,"千万工程"涉及的村庄划分为示范村与环境整治村两类,前者以实现农村新社区建设、提升乡风文明为目标,后者以重点治理农村环境"脏乱差"为目标。为调动整治积极性,相关成员单位每年对各地村庄整治情况进行考核,分别给予不同规模的资金奖励。浙江省上万个建制村推进了农村道路硬化、垃圾收集、卫生改厕、河沟清淤、园林绿化建设行动,走出了一条独具特色的乡村发展整体推进、深化拓展新路径,乡村建设明显提档升级。

2007年后,乡村整治内容更加丰富,通过土地整理、中心村培育建设等政策措施,重点加快城乡基础设施与公共服务均衡化建设,以此为美丽乡村建设提供重要支撑。

(二)"千村精品、万村美丽"阶段(2010—2022年)

打造美丽宜居生态,形成全面振兴之势。这一时期,"千万工程"沿"千村精品、万村美丽"主线持续深化,推动全域土地综合整治"走出一步乡村振兴先手棋"。整治将所涉及村庄划分为环境综合整治、中心村建设以及历史文化村落保护三大类型,在坚持人居环境整治的基础上,更加注重乡村内在品质提升与文化传承。

与此同时,在全国层面,整治实践开始积极选取试点工程,因地制宜编制全域土地综合整治方案,形成"城郊融合型""集聚提升型""特色保护型""搬迁拆并型"等多类型整治模式。通过探索永久基本农田调整、林耕置换等政策,将美丽乡村建设与农民增收互联互动,推动环境优势向经济优势转化;设立美丽乡村专项资金、整治专项债券等,为资金投入提供保障,推动乡村实现空间形态、产业发展、生态环境系统性重塑。

(三)"千村未来、万村共富"阶段(2022年以来)

激发经济发展动能,拓宽全民共富之路。当前,我国已经进入城乡经济社会转型新阶段,乡村资源要素流动日益频繁,治理主体日趋多元,利益关系错综复杂。面对新形势、新要求,"千万工程"正迈向未来乡村建设阶段。而未来乡村是集成"美丽+数字+人文+善治+共富"的发达乡村。因此,全域土地综合整治需继续立足各地资源禀赋、区位条件和发展阶段,通过探索打破乡镇行政边界等方式,创新整治模式,加速要素流动,承担起"兴城"与"强村"重任。整治实施过程要紧密围绕《自然资源部办公厅关于严守底线规范开展全域土地综合整治试点工作有关要求的通知》提出的新要求,切实加强整治项目事前、事中、事后"三个环节"的全生命周期闭环管理;通过体制创新整合资金,实现从短期项目投入转向长期共建共享,围绕产业生态化和生态产业化,以新型农村集体经济为抓手,不断激发乡村发展新动能。

第十章 "千万工程"经典案例

第一节 浙江省萧山区横一村:浙江省"千万工程"何以促进乡村振兴

2023年12月,中央农村工作会议专门讨论了浙江省的"千村示范、万村整治"工程,旨在进一步向全国推广运用"千万工程"的相关理念、工作方法和机制。2018年,"千万工程"荣获联合国"地球卫士奖"(最高环保荣誉)。可以认为,肇始于浙江省的"千万工程"在历经20多年的实践中,已成功探索出一条从"环境优美"转向"和美共富"的乡村振兴之路。那么,浙江省"千万工程"的经验做法应该如何学习借鉴?相信乡村第一线的实践探索最为生动,也最具说服力。

横一村位于浙江省杭州市萧山区临浦镇最南端,村庄山水林田湖等自然资源丰富,村内"梅里方柿"远近闻名。在2017年年底,横一村还是萧山有名的欠发达村,近年来通过品牌策划、产业规划、运营植入等多方面协同配合,以"千万工程"为指引,从环境改造寻求突破,实现了从卖农产品到卖风景、卖文化的蜕变,村集体经济总收入实现从2018年39万元到2022年510余万元的跨越式增长。横一村先后被评为萧山区首批区级美丽乡村示范村、浙江省美丽乡村特色精品村、浙江省3A级景区村庄,2021年入选浙江省第一批未来乡村建设试点村名单,并成为全省深化"千万工程"建设新时代美丽乡村现场会考察点。

众所周知,乡村振兴包含产业振兴、人才振兴、文化振

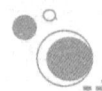

"千万工程"简明手册

兴、生态振兴、组织振兴"五大振兴"。不难看出,"千万工程"意在从生态振兴入手,以此引领乡村振兴各个方面实现有机贯通、协同发展。

以前,横一村与一般的农村景象无异——错综复杂的乡村土路、各种泥房砖房混搭、杂乱无章的农田菜地……情况在2018年发生了改变,在"千万工程"的转型升级阶段,横一村被列为萧山区第一批美丽乡村提升村,并签订了"军令状",限期完成改造。针对农村人居环境改造难题(尤其是农村垃圾、生活污水和公厕),横一村应用积分制,发布"红黑榜",引导村民积极参与村居环境整治工作。

同时,通过降低各家各户围墙,完成农户庭院的整治提升。其中,作为横一村首个"吃螃蟹"的人,村民傅新叶主动拆掉了自家院子的围墙,在村干部的帮助下,将原来的养鸭棚进行改造,变成了时髦的鸭棚咖啡馆,如今已成为村内最有名的网红打卡点之一,改建之后的一年半时间吸引来近80万人次拍照打卡。

无疑,优良的生态环境和人居环境是乡村振兴的重要支撑,但乡村振兴的重中之重依然是产业振兴。如果没有真正的落地产业,乡村振兴只能是空中楼阁。在"千万工程"引领下,横一村扎实做好三篇产业文章。一是做好"稻子"文章,实现从"卖粮食"到"卖体验"。结合开展粮食生产功能区非粮化整治,恢复功能区种粮属性,种植彩色创意水稻1 000余亩,建成全区连片面积最大的高标准稻田。以"Hi 稻星球"为统一品牌,把千亩粮田打造成稻田休闲功能区、研学区、运动区等体验区块。二是做好"柿子"文章,实现从"卖柿子"到"卖风景"。依托千余棵百年古柿树,依山而建"如意山房",因地制宜引入"如意茶室",集中展示"如意柿界"美好景象。三是做好"院子"文章,实现从"卖产品"到"卖产业"。通过"围墙革命"把围墙降下来、把庭院透出来、把游客引进来，完成了全村百余户农户庭院整治提升，近 200 户优美的农家小院连片打造成美丽庭院集中示范区，实现"全域景区化、村庄景观化"。

人才振兴是乡村振兴的关键所在。"网红村"要想实现持续的吸引力，拥有能够支撑乡村可持续发展的人才尤为重要。环境美了，产业活了，人才的回归不再是被动"筑巢引凤"，而是主动的"百鸟归巢"。横一村目前已有不少乡贤和本村的年轻人回到村里创业，同时，横一村通过引入乡立方、众安文旅等专业团队，建设"产业植入+乡村特色"的"品牌综合体"，多个项目实现开业即火爆。以"Hi 稻星球"为例，人们可以坐着小火车自由穿梭于稻田、去星空树屋露营、打卡网红"鸭棚咖啡"，或是在稻田迷宫里闲逛。各类"新乡人"纷纷申请进驻，直播带货等业态如火如荼，村民跟着办起了民宿和音乐餐厅。

乡村振兴离不开农村基层党组织的坚实保障。"千万工程"的实施与深化，促进了乡村各类公共事务的发展和城乡要素的流动，也对提高乡村治理水平和能力提出了新要求。为加强与村民的联系，横一村建立"有事好商量"村民议事制度，针对村内大小事务，不定期召开村民议事会，收集党员、村民代表的意见建议，推动工作开展。2021 年 5 月，横一村启动数字化改造，依托"临云智"智治系统，打造了村级数字驾驶一体舱，基于"网格化+数字化"实现精准治理，提升村庄数字治理效能。当前，横一村又成立了"未来大地"共富党建联盟，联合邻近的横二村联片打造美丽乡村示范带，并辐射周边村，打造抱团发展的"乡村共富带"，解码共富新路径，争取实现从"一村富"到"村村富"。

走过 20 多年，"千万工程"已经从"千村示范、万村整治"升级为"千村未来、万村共富、全域和美"，在"千万工程"引领下，村美、人和、共富成为浙江省乡村发展最动人的形态。需要指出,浙江省"千万工程"最重要的经验就是始终坚持因时因地制宜,针对各个村庄的实际情况分类施策。从美丽乡村建设到乡村全面振兴,相信"千万工程"所展现的时代生命力将为中国式农业农村现代化建设带来更多的有益启示。

第二节 黄冈老区:让"千万工程"经验在黄冈老区开花结果

重大主题报道是党媒围绕中心、服务大局,做好新闻舆论工作、践行职责使命的重要载体和路径。全媒体时代,如何守正创新做好重大主题报道,服务中心大局,以宣传好主题报道服务中心工作,是党媒需要研究的一个重要课题。

2023年6月以来,黄冈日报社深入学习贯彻落实党的二十大精神和习近平总书记关于总结推广浙江省"千万工程"经验的重要指示批示精神,集中开展和美乡村重大主题报道,全媒体、全方位、全视角展现革命老区和美乡村典型风采,总结推广和美乡村建设经验,引发社会广泛反响,有效提升了主流媒体的传播力、引导力、影响力、公信力。

一、把握大势,服务大局,精心策划和美乡村主题报道

重大主题报道是媒体围绕党和政府的中心工作、重点工作所进行的集中、连续的新闻报道活动。谋划重大主题报道必须胸怀大局、把握大势、着眼大事,领会"上情"、吃透"下情",找准切入点和着力点。

党的十八大以来,习近平总书记多次对"千万工程"作出重要指示批示,强调要深入总结经验,持续发力、久久为功,不断谱写美丽中国建设的新篇章。黄冈是革命老区、农业大市,黄冈市委六届六次全会提出,以强县工程和乡村振兴为

主攻方向探索黄冈现代化建设路径。黄冈市委书记李军杰强调,牢记习近平总书记"要把革命老区建设得更好、让老区人民过上更好生活"的殷殷嘱托,学习运用浙江省"千万工程"经验做法,更高水平推进黄冈市美丽乡村建设,全面推进乡村振兴,加快农业农村现代化步伐。把握发展大势,聚焦中心工作,黄冈日报社提高政治站位,抓住重要时间节点,应势而动、顺势而为,迅速谋划开展和美乡村重大主题报道。

(一) 大报道需要大策划

策划是做好重大主题报道的基础。为了让主题报道更有针对性、指导性,坚持从"高"策划,黄冈日报社多次召开专题会议,深入学习党的二十大精神和习近平总书记重要指示批示精神,以习近平新时代中国特色社会主义思想和习近平总书记重要指示批示精神为根本遵循,贯穿整个主题宣传。黄冈日报社把和美乡村重大主题报道作为当前正在开展的主题教育的重要内容,要求记者按照主题教育"大兴调查研究"的要求,深入基层、深入群众、深入现场,开展蹲点式沉浸式采访,报道好和美乡村建设典型,总结好黄冈市贯彻落实党的二十大精神、运用"千万工程"经验建设和美乡村的好做法,以推动实际工作。

(二) 大策划需要细落实

重大主题报道政治性强、理论性高,涉及内容广、人员多,更需要做细策划方案。为确保报道方案落地,坚持从"细"着手,做到"四确定":确定报道典型,提前与黄冈市乡村振兴局、市农业农村局等职能部门和各县市区反复研究协商,精选24个极具代表性的典型村作为主题报道对象;确定采访形式,采取蹲点式沉浸式采访;确定全媒体报道形式,报纸以文字与图片为主进行深度报道,新媒体以视频与创新形式为主;确定时间节点,所有报道都安排到天、到媒体、到版面。

精心策划为整个报道打下坚实基础。和美乡村重大主题报道共推出报纸版面54个,文字近10万字,照片80余幅,视频42个,手绘长图一幅,《新黄冈》杂志1期,全部按方案高标准完成。

二、蹲点采访,立体传播,努力讲好和美乡村建设故事

"脚下沾有多少泥土,笔下才会有多少精品。"在和美乡村重大主题报道中,《黄冈日报》全媒体深化"走转改",践行"三贴近",积极创新采访形式,创新内容表达,创新传播路径,做实报道内容、做新报道形态、做强传播效能,努力讲好黄冈市和美乡村建设故事。

(一)蹲点采访,深入基层一线"抓活鱼"

黄冈日报社成立5个报道小组,由社领导带队、部门室主任参加、30余名全媒体记者参与,开展蹲点采访。

此次蹲点采访是一次深入基层的新闻实践。30余名全媒体记者深入黄冈市24个典型乡村,行程数千公里,走进田间地头、走进农户家中、走进和美乡村建设现场"抓活鱼",掌握鲜活的第一手材料,有效地锤炼了队伍"四力"。与以往不同的是,此次蹲点采访还是一次深入调研的社会实践。结合开展主题教育,参与采访的全媒体记者提前做足功课,深入基层开展调查研究,总结和美乡村建设中的普遍经验,既找共性特点,更找个性亮点,力争写出有深度、有指导性的调研式新闻报道。

(二)创新表达,讲好和美乡村"好故事"

在内容表达上,采取"通讯+记者手记"的形式,努力讲好黄冈市和美乡村建设"好故事"。

第十章 "千万工程"经典案例

通讯内容以小故事为主,通过故事反映典型的成功做法,记者手记则是对典型的经验做法进行深入剖析和解读,升华主题讲道理,提炼出可供推广复制的成功经验。如罗田县三里畈镇苍葭冲在和美乡村建设中,运用共同缔造理念,围绕"五共"做文章,实现"空心塆"向乡村振兴示范样板的转变。记者在通讯《美了家园富了口袋》中,用一个个生动的故事,讲述了苍葭冲通过乡贤引领,引导村民共建美好家园,创新"支部+网格化"模式,组织群众主动参与环境管护,引进公司利用村民自家院落,发展特色产业经济的故事。这些小故事不仅具有极强的感染力,吸引读者阅读,而且通过故事向广大读者推广了和美乡村建设的具体做法。而记者手记《乡村振兴,村民是主体》则是通过深入剖析苍葭冲整治环境、治理村庄、发展产业的成功经验,告诉读者建设和美乡村离不开村民参与,让读者明白"群众是建设现代化的主体"这个大道理,引导各地在和美乡村建设中,运用共同缔造理念,充分发挥群众主体作用。

"通讯+记者手记",实现"1+1>2"的目的,使宣传既有政治的高度,也有民生的温度;既有指导性,也有可读性。

(三)立体传播,唱响和美乡村"好声音"

黄冈日报社把此次和美乡村重大主题报道作为推进媒体深度融合发展的一次新闻实践,做到全媒体同步跟进、融合传播。

《黄冈日报》头版开辟《大美黄冈和美乡村·记者蹲点报道》专栏,采取"通讯+图片+记者+二维码"的形式,每天刊发一个典型,随后推出"黄冈乡村俏模样"手绘长图和3个照片专版,浓墨重彩开展集中宣传;《鄂东晚报》用大标题、大照片在头版做导读,二版详细报道;黄冈新闻网、黄冈日报微信公众号、黄冈观察抖音号等新媒体除了转发报纸的

宣传内容，还推出了系列视频，创新推出了《图画：黄冈俏模样》手绘长图；黄冈日报电子报有限公司在市区20个阅报栏、3个阅报屏滚动播放和美乡村典型村大幅照片32幅、短视频42个；《新黄冈》杂志集中推出《大美黄冈和美乡村专题报道特刊》，对各媒体和美乡村报道重点、亮点进行集结。

全媒体全方位集中宣传、立体传播，充分展现了黄冈市和美乡村典型风采，形成强大的聚合效应，产生了良好的宣传效果。"学习强国"、今日头条、《湖北日报》等10余家大媒体大平台以及《长江日报》《黄石日报》等党媒，黄冈发布、黄冈政府网、文明黄冈、黄冈党旗红等市级平台，纷纷转发黄冈日报全媒体和美乡村重大主题报道，极大地提升了宣传的传播力、影响力，唱响黄冈市和美乡村建设"好声音"。此次和美乡村重大主题报道总阅读量突破3千万人次。

三、解剖麻雀，总结经验，有力推动和美乡村建设实践

重大主题报道既是党媒宣传中心工作的切入点，又是党媒服务大局的着力点。重大主题报道不仅要做好各项报道工作，达到"宣传好"的效果，还要放大宣传效应，以宣传好主题报道服务中心工作，实现推动实际工作的目的。

在和美乡村重大主题报道中，《黄冈日报》坚持从实际出发，以小切口总结切实可行的成功做法，以高站位提炼可供复制的成功经验，助力黄冈市和美乡村建设。

宣传发动，掀起和美乡村建设热潮。《黄冈日报》全媒体持续开展和美乡村重大主题宣传，充分发挥了媒体宣传群众、发动群众的作用，在黄冈全市引起强烈反响，为和美乡村建设营造了良好舆论氛围，推动全市掀起宜居宜业和美乡村建设的热潮。

"解剖麻雀"，解锁和美乡村建设"密码"。黄冈日报社精选的24个和美乡村典型各具特色，各有工作亮点。按照黄冈市和美乡村建设"五要"要求，在报道这些典型时，坚持一

村只报道一个重点,以小切口反映各地和美乡村建设最大的亮点,通过"解剖麻雀"式的报道,推介和美乡村建设可供复制的好做法。如报道红安县华家河镇阳台山村,主要侧重宣传该村利用古村落,唤醒沉睡资源,打好"开发牌、文化牌、服务牌",激发乡村振兴活力的成功做法;报道麻城市歧亭镇张家洲村,则着重解剖该村科学规划,大力发展苗圃经济,致力打造现代农业综合体,让群众口袋富起来、村居环境美起来的成功经验。一村一报道重点,通过"解剖麻雀"式的报道,解锁和美乡村建设"密码",把各典型村可供复制的好做法推广到黄冈全市,极大地促进了全市和美乡村建设。

典型引路,让"千万工程"经验在黄冈市老区开花结果。此次和美乡村重大主题报道,黄冈日报社全媒体不仅全方位报道了24个典型村,而且还推出长篇通讯《牢记"两个更好"殷殷嘱托共绘和美乡村美丽画卷——我市学习运用浙江省"千万工程"经验建设和美乡村综述》,全面系统总结黄冈市和美乡村建设所取得的成绩,重点推介全市运用"千万工程"经验的先进典型。不仅如此,黄冈日报社还把《大美黄冈和美乡村专题报道特刊》专辑杂志作为典型材料,送到市、县、乡三级领导和基层群众手中,供决策参考和学习借鉴。在和美乡村重大主题宣传的推动下,黄冈市积极开展美丽乡村建设,先后创建乡村振兴、美丽乡村、传统村落等各类示范村、试点村849个,形成了一批有特色有亮点的美丽乡村,"千万工程"经验正在黄冈大地开花结果。

黄冈日报社此次和美乡村重大主题报道是一次成功的重大主题报道创新实践,是一次紧扣中心服务中心推动落实的成功探索。湖北省委宣传部新闻阅评组在第94期《新闻阅评》中,高度评价此次主题报道:"《黄冈日报》策划推出和美乡村重大主题报道收到良好效果。像《黄冈日报》这样,切实加强重大主题报道策划,使之具有广泛的传播面和影响力,十分必要。"

第三节 湖北省巧绘新时代荆楚版"富春山居图"

我们要建设什么样的乡村、怎样建设乡村、把乡村带向何方、让农民过上什么样的生活？

20多年前，习近平同志从浙江省破题、以"千万工程"起手，深刻回答了这个承载着共产党人使命的时代命题。

20多年来，"千万工程"取得了具有历史性、开拓性、引领性的巨大成就，造就万千美丽乡村，改变了亿万农民面貌。

5月以来，湖北省深入学习贯彻习近平总书记对"千万工程"经验的重要批示精神，将"千万工程"经验作为学习案例教材，教育引导广大党员干部深入领会蕴含其中的思想理念，结合实际抓好推广运用，推动主题教育走深走实。

在充满希望的荆楚大地上，一幅新时代荆楚版"富春山居图"徐徐展开。

一、"千万工程"经验湖北实践引蝶变

初夏时节的荆楚大地山清水秀、景美民富，随处可见"千万工程"经验留下的印记。

党建引领，打好"强心针"。在武穴市余川镇邢山村，该村建强基层党组织，通过实行"三带一借"工作法（干部带任务、组织带党员、党员带群众、借政策东风），完成由库区贫困山村到景区美丽乡村的转变。

有序推进，算好"经济账"。在离余川镇不远的大法寺镇，该镇开源节流、量力而行，全镇每年重点推进几个村，每村每年重点整治几个垸，常抓不懈，有序推进，建成美丽乡村"样板间"。

因地制宜，绘好"规划图"。在通城县内冲村，咸宁市规

第十章 "千万工程"经典案例

划设计院、湖南一设计公司联合入村设计，重点挖掘古瑶文化，打造出一条观自然景、赏民俗情的瑶乡古街。

城乡统筹，建好"后勤部"。钟祥市建立"户投放、村收集、镇转运、市处理"的农村生活垃圾收集转运处理体系，全市生活垃圾统一处理，补齐了农村垃圾处理短板。

以人为本，找好"设计师"。在红安县柏林寺村，经村委会、理事会商议，村内成立公共设施管理与关爱老人小组，改造了村史馆并在功能上向老年人倾斜，群众满意度大幅提升。

党的十八大以来，在对"千万工程"经验的学习和实践中，荆楚千万村庄不断发生着美丽蝶变。广大党员干部也感悟着其中蕴含的思想伟力，打开发展新思路——"坚持以人民为中心的发展思想，以改善群众身边、房前屋后人居环境的实事小事为切入点。""群众才是民生工程最好的决策者，多走访，多座谈，充分了解民情民意，用好集体智慧。""规划设计是关键，既要尊重自然、经济等客观规律，又要开拓创新，注重各自的特色亮点，不能一刀切。""扎实开展美好环境与幸福生活共同缔造，让群众幸福感成色更足。"……

二、在"千万工程"经验中汲取智慧力量

日前，150名湖北省乡村振兴"头雁"赴"千万工程"经验诞生地浙江省学习考察，在12个村问道取经、思索路径。

湖北省乡村振兴局副局长杨遥说，让湖北省"头雁"进村入户，由浙江省村党支部书记面对面、手把手地传道授业解惑，就是要让湖北省村党支书部书记开眼界，提境界；找不足，受冲击；把准脉，问良方。大家表示，湖北省与浙江省虽然资源禀赋不同，发展阶段不一，但浙江省"头雁"们"干在实处、走在前列、勇立潮头"的精气神，是最值得学习的真经。

湖北省注重从"千万工程"经验中收获智慧、汲取力量、找准方向。

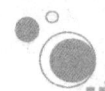

省政协提出,学习好、运用好、推广好"千万工程"的理念、方法和经验,找准政协履职切入口,深入开展"下基层、察民情、解民忧、暖民心"实践活动、"一线协商·共同缔造"行动、政协委员助力乡村振兴行动。

鄂州市提出,用好用活浙江省"千万工程"经验,聚焦人流密集地段、国省干道沿线、城郊接合部、门户乡镇和窗口村、市际插花地带和边界口子镇,全域发动、全员参与、整体推进,确保农村人居环境整治提升工作取得实效。

黄冈市提出,深入学习运用浙江省"千万工程"经验,牢固树立以人民为中心的发展思想,更高水平推进全市美丽乡村建设,全面推进乡村振兴,加快农业农村现代化步伐。

眼下,多个省直单位和地方正筹备开展"千万工程"经验专题研讨活动,更好用党的创新理论武装头脑、指导实践、推动工作。

三、让"千万工程"经验焕发更耀眼光芒

认真学习"千万工程"经验,不仅要领会蕴含其中的思想理念和方法论,更要结合实际,加快运用和推广。

走进武穴市梅川镇司古塔村,千亩稻田、百亩果园绿意渐浓。村党支部书记江艳慧和种植大户们聚在一起,探讨进一步扩大种植规模的方案。

谈起村里借鉴"千万工程"经验,因地制宜发展的种植业,江艳慧如数家珍:稻子引进的是"桃湘优莉晶"品种,市场价可以卖到13.6元/千克;柑橘是在浙江省引进的"红美人"柑橘苗,可以一年种、百年收的"铁杆庄稼"。

"村里免费提供柑橘苗,让村民们把房前屋后的空地都种上,一来美化环境、二来增加收入。""挂果后,由村里通过电商平台统一销售,提前联系好销路。"……热烈的讨论中,众人算了一笔账,村里的柑橘2024年挂果,可以实现盈利,

2025年盛果期，年收益预计可达30万元。

在十堰市郧阳区柳陂镇，汉水河畔坐落着全省首个由易地扶贫搬迁形成的村子——龙韵村。2018年以来，村党支部带领3 000余名村民从无到有发展旅游业，陆续建成了3条旅游商业街、一片共享农场，村里成了远近闻名的网红打卡地。

6月1日，"中国共产党的故事"湖北专题对外宣介活动中，蒙古民主党干部考察团来到该村，村里新推出的"武当不夜城"活动游人如织，热闹非凡。

蒙古民主党全国政策委员会委员尼雅木达瓦感叹："是什么让一个村子短短几年就如此充满活力？"

当村党支部书记李小敏介绍起脱贫攻坚行动、乡村振兴战略、共同富裕目标时，"千万工程"也随之走出国门，成为外宾们此行收获的一部分"中国经验"。

第四节　湖北省孝感市：以"千万工程"引领推进乡村全面振兴

从客观条件和经济数据上看，湖北省孝感市是一座典型的"中游"城市。它地处长江中段，位于中国版图的中部，全市地区生产总值有望历史性突破3 000亿元，人均可支配收入与全国平均水平不相上下。

如今，这座"位处中游"的农业大市，正迎来机遇叠加、优势迸发、要素汇聚的大好局面——继汉孝城铁、孝汉大道通车之后，硚孝、武大、孝汉应高速建成通车，孝感全域进入武汉"1小时通勤圈"。武汉都市圈、长江经济带、汉江生态经济带交错叠加，将孝感市纳入国家级战略。湖北省第十二次党代会赋予孝感市"打造武汉都市圈重要节点城市"的历史使命。今日之孝感市，链接九省通衢优势区位，地处腹地，却能辐射全国，面临从"中游"向"上游"的关键一跃。

2023年1月30日，新春第一会上，孝感市委向全市全体党员干部发出动员令，要求大家锚定目标"敢""快""干"，打造武汉都市圈重要节点城市，冲刺3 000亿元经济总量，谱写经济高质量发展新篇章。

一、"敢"字当头——"跳起来摘桃子"

浪头观潮，方能奋进致远。

2023年8月，盛夏时节，孝感市委主要领导率孝感市党政代表团到浙江省湖州市学习考察，溯源"两山"理念，学习"千万工程"经验。

对标"潮头"找差距，立足自身得"真经"。"千万工程"中蕴含的发展理念、工作方法和推进机制演绎着中国式现代化的农业农村发展路径，而孝感市要从农业大市进阶为农业强市，就必须对标"潮头"，不断提升自身的吸引力、集聚力，成为武汉都市圈不可或缺的有机组成，担得起"节点"二字的深刻内涵。

与其等风来，不如"敢、快、干"。

孝感市需要怎样的"敢字当先"，才能闯出一座传统农业大市的乡村振兴新境界？

"浙江省并非农业资源大省，却能'以绿生金''地瓜经济'根深藤广。发扬敢的精神，关键是解放思想，敢于谋划。"铺开一张孝感市地图，孝感市主要领导对孝感"五区八园七带"的现代农业发展布局了然于胸。

"七带"像是七条飞龙——优质稻产业示范带、特色林果绿色产业示范带、百里观光茶叶产业示范带、绿色蔬菜产业示范带、肉畜禽蛋产业示范带、特色水产健康养殖产业示范带和江汉平原农旅养融合发展产业示范带，纵横交错，相互独立又融合覆盖，既照顾到各个县（市、区）的资源禀赋，又充分利用山川河流的地貌特征和京港澳高速等交通布局，确保发挥

第十章 "千万工程"经典案例

优势的同时惠及尽可能多的产业人群。

"五区"等种养示范园区和"八园"等加工产业园就成为闪亮"龙鳞",串鳞成线、连块成带、集群成链,一批产业基础扎实、规模效益显著、综合竞争力强的优势特色产业集群呼之欲出。

优质稻产业示范带上的朱湖农场内,万亩连片的种植基地在冬日暖阳下休养生息,松软厚实的土壤闪着油光,智能化种植体系一应俱全,彰显着高标准农田上年平均亩产超600千克糯稻的产能底气。

与此同时,十几公里外的麻糖米酒产业园里,各类加工企业马力全开。以生产米酒为主业的爽露爽食品股份有限公司通过智能化管理流程,将产能从去年的3万吨提升到今年的8万吨,面对春节前火爆的市场需求,却依旧捉襟见肘。

公司的电商负责人栾中豪告诉记者,孝感米酒早已今时不同往日,"过去,传统米酒一到夏天就进入销售淡季,现在我们研发了气泡型精酿米酒,米酒可以像啤酒一样'咣咣'干杯,获得年轻时尚人群青睐,生产线全年处于高度饱和状态。"

在孝感市,爽露爽、米婆婆等糯稻精深加工企业有30多家,本地糯稻加工比例达到95%以上,孝感米酒占全国米酒市场份额超过85%。糯稻二三产业产值将近70亿元,带动9.2万户农户共享产业收益,产业链条上的农民人均可支配收入高达33 308元。

一粒小糯稻正裂变成百亿大产业,却并非孝感市优势产业带上的一枝独秀。

"一袋米""一枚蛋""一杯茶""一头猪""一篮菜",孝感市启动重点农业产业链强链工程,预计2025年糯稻、生猪、蔬菜产业综合产值超过100亿元,生猪、茶产业综合产值超过200亿元。"这也意味着孝感市农产品加工总产值将达到1 800

亿元,与农业总产值之比达到3∶1,农产品转化率超过75%,从根本上实现从'卖原料'到'卖产品',从'卖资源'到'卖品牌',挺直了农业强市的脊梁。"孝感市政府主要领导信心满满。

孝感市的"敢于谋划"并不仅限于产业布局——实施粮食及重要农产品保障能力提升行动,坚决守住530万亩种粮面积和23亿千克产粮底线,加快建设高标准农田33.86万亩,让孝感市农业有块头;实施农产品加工业提升行动,确保各县(市、区)每年设立不少于3 000万元的强链资金,做大链主、延长链条,让孝感市农业有说头;实施农业社会化服务提升行动,实现快递进村全覆盖,保障特色优质农产品"触网"流通,让农民安心生产有劲头;实施宜居宜业和美乡村建设提升行动,推进以乡镇为单元的全域土地综合整治,力争年经营性收入10万元的村集体占比达到56%,让乡村有看头。

……

2023年,孝感市在累年推进见势见效的功能城镇、和美乡村、实力产业"三项行动"的基础上,高位起跳,大胆谋划,提出了乡村全面振兴的"十大提升行动"。

从巩固脱贫攻坚成果到建设农业强市,从促进农民增收到提升乡村建设和治理效能,孝感市在顶层设计上将科学性与前瞻性紧密结合,以"跳起来摘桃子"的精神强力推进乡村全面振兴,重塑乡村生产、生活、生态"三生"空间,做透"农"文章,"领跑"势头已然出现。

二、"快"字为要——"抓住一切机遇往前推"

在浙江省考察学习,孝感市的党政代表团最深刻的体会是浙江省乡村像一艘艘敏捷的小船,无论是政府还是企业,决策快、落实快、行动快,与时俱进,迭代升级。

干中学,学中干,要推进乡村全面振兴,孝感市需要念好

第十章 "千万工程"经典案例

怎样的"快字诀"?

在孝南区委书记夏齐勇看来,"快"是一种对先机的敏锐洞察。

对接全球数十个国家和地区,农产品辐射半径达到了500千米,触达6亿人口,投入运营首月即实现日均交易量1.8万吨、交易额1.43亿元,数据跻身全国农产品批发市场百强排名前10,这里是湖北省首家全国一级批发市场——坐落于孝南区的"首衡城"。

不少孝感市干部说,"首衡城"是孝感市洞察先机"抢"来的。

一级市场买全国、卖全国,拥有市场定价权和话语权,是超级城市的标配。正是基于这种判断,孝感市干部"数顾茅庐",邀请全国农产品批发市场的翘楚首衡集团来孝感市创业。项目一经网上"云签约",孝感市在两周时间内搭建了服务指挥部,10余个部门组成专班进驻项目现场。与此同时,首衡集团在同一天时间内收到了不动产权证、建设用地规划许可证等"五证",擅长生鲜24小时内物流直达,以"快"著称的首衡集团被孝感市反向催促"敢快干"。

在安陆市委书记李先乔看来,"快"是孝感市人从无到有,百尺竿头更进一步的精气神。

当记者来到赵棚镇蓝莓现代产业园时,园区里正在进行地栽蓝莓向基质蓝莓的迭代升级。由于行动快,产业园的路面尚未硬化完成,园区内种建同步,机器轰隆。园区负责人叶小伍像看孩子一样看着眼前的这片蓝莓:"这些种在大棚下、栽在盆盆里的蓝莓代表着目前华中地区基质蓝莓种植的最高水平。无土化基质和温室化盆栽为蓝莓提供了最精准的生长环境,蓝莓挂果速度快,营养价值高,亩收益可达到10万元左右。"认准了就要"敢快干",叶小伍准备今年再投入8 000万元,扩种1 000亩基质蓝莓。

莫说基质蓝莓，10年前，赵棚镇一颗蓝莓都不产。可如今，蓝莓产业已经是当地的"十亿产业"，"一个产业、十里长廊、百万游客、千家致富、万亩基地"的发展格局正在加速形成。这要归功于安陆支持蓝莓产业的"政策大礼包"。李先乔认为，"企业的营商环境，就是产业的发展环境。"在安陆，新引进的蓝莓企业土地平整费用由政府出资、流转土地租金五年内政府补贴、道路水电等基础设施由政府建设、蓝莓尾果由政府联系企业包收购……"接下来，安陆还会引进红色研学、帐篷酒店等新兴业态，形成蓝莓产业集群，让农民和投身乡村建设的企业，都能获得双赢。"赵棚镇党委副书记陈诚说。

对孝感市大悟县宣化店镇严畈村的村民来说，"快"是一种可以用时间度量的获得感。

仅大半年时间，油路铺到户，路灯村村亮，供60岁以上老人用餐的"幸福食堂"里饭菜飘香，"汉绣坊""油面坊""竹艺坊"等传统手艺传承院落沿村庄小径蜿蜒散布，严畈村这个走出过多位老红军的红色村庄面貌一新。

"我已经68岁了，从来没想到有一天村子能这么漂亮，我这老手艺能这么受欢迎。"严畈村的陈绪东老人手里边忙活着木工活，边示意记者看墙上的二维码，"每天都有村里的干部来帮忙整理线上订单，扫一扫二维码，就有邮政人员帮我把做好的木工件寄走。我上个月足足收入4 000多元。"

陈绪东是村里七位老手艺人之一。2023年，宣化店镇投入近百万元，在严畈村启动"一户一工坊"工程，保护、传承传统手艺，还让手艺人成了村里的致富带头人，小作坊、大作为、小产品、大产业，村里用"榜样严畈"的品牌整合了村里所有的特色产品和农旅项目，一座大别山下的红旅融合示范村庄正呼之欲出。

安陆傲农生猪精深加工、云梦农发集团生猪产业链、大悟抹茶产业园区……2023年，孝感市坚持招引和培植两手抓，引入农业项目 154 个，签约金额达到 595.67 亿元，同比增加 80.8%。新增国家级农业产业化龙头企业 1 家、市级龙头企业 58 家，农业产业发展和农民增收的路径加速拓宽。

"抓住一切机遇往前推"似乎已经成为澴川大地上一首旋律激昂的进行曲，孝感市农业农村局局长林小冰这样理解"快"的意义："快落地、快开工、快投产。项目每快一天，就能早一天增加孝感市的农业加工生产总值，就能多一天增加乡亲们的务工和经营收入。"

三、"干"字托底——"办好群众可感可及的实事"

不抓落实，再好的目标只能是镜花水月。大抓落实，再难的事情也能水到渠成。"千万工程"之所以能够深刻改变万千乡村的面貌，离不开二十年如一日的久久为功，善作善成。对于孝感市而言，敢于谋划是前提，善抓时机是关键，可如何把科学的规划、有限的资金和精力用在"刀刃"上？还需要"干"字托底。

孝感市副市长石必成告诉记者，孝感市的"干"字托底有三个标准——看老百姓的腰包能不能鼓起来，乡村有没有"美"起来，农民的生活有没有便捷起来。

让老百姓的腰包鼓起来，就得把农民深度融入产业链价值链，将产业增值的收益更多地留在农村、留给农民。

婚庆产业能否带"火"村湾？2022 年的深冬，孝感市汉川市沉湖镇赵湾村曾专门就这个问题召开了一次屋场院子会。如今，一年多的时间过去，赵湾村田水湾田园综合体里的婚礼场馆已成为汉川市最有影响力的 IP 之一。

殿堂内，或雕龙画凤端庄大气，或如游海底梦幻唯美。场馆外，瓜果飘香、桃红柳绿。这集田园风光与现代奢华浪漫于一体的好去处，不仅吸引很多来自武汉市、孝感市、仙桃市、天门市等市的市民，就连十里八乡的村民也一改在自家支大锅、摆大席的习俗,来到田水湾尝试一场现代优雅的"花田喜事"。

和"花田喜事"一样为乡村带来无尽活力的,还有孝感市的"路长制"示范线。

驱车行驶在孝感市云梦县的 S334 清义线上,但见道路如虹,一步一景。16 个拍照打卡的口袋驿站、10 个推广云梦文化的节点小品、集农化、金融、农产品收购和网销服务于一体的胡金店交通驿站,这些无不体现着"修一条好路、造一方美景、活一方经济、富一片百姓"的交通叠加效应。

目前,孝感市已建成 35 条"路长制"示范线,打造了 3 000 多家田园综合体,它们各具特色,串点成线,将人流、物流、信息流、资金流引入乡村,为村民在家门口开拓出一番"好钱景"。让乡村"美"起来,就得把建设村庄的主动权交给村民。

曹砦村,是位于孝昌县陡山乡南部一个四面环水的小村子。在村民曹国省的记忆里,河道已经 40 多年没有清淤,"小桥流水都成了臭水沟"。

直到"共同缔造"工作法走进曹砦村,市县乡三级人大代表、村干部和村民齐聚一堂,你一言我一语的热烈讨论汇聚成一个声音——让曹砦村再现水乡美景。

决策共谋、发展共建、建设共管、效果共评、成果共享,从"要我做"到"我要做",从"我在看"到"一起干"。村民曹敬堂拆掉闲置旧屋,给河道让路;村民曹金洲在房屋侧面砌上了颇有设计感的小花坛;清理塘堰,即便是挖出的淤泥杂物短期占压了村民部分菜地、花草,大家也慷慨支持……

为什么支持?看着自己的村庄已经按照 AAA 级景区打造运营,正在给蔬菜浇水的村民曹建国心情舒畅:"风景好,心情就好,村里的鸟叫声都比过去热闹。种上菜、养上鱼,城里人每到周末就来这游玩、租地种菜,等农耕文化园弄好,经济

第十章 "千万工程"经典案例

效益肯定得翻倍。"

让村民的生活便捷起来,就得把原本只有城里人才能享受到的公共服务向村庄延伸。

走进孝感市应城市寄递物流共配中心,宛如进入了未来工厂,环形分拣设备上,一件件快递包裹匀速移动,被精准投入278个村级网点对应的快递格中。

与配送中心繁忙作业的场景形成鲜明对比,应城市田店镇畅马村,村民杨园慧悠闲地走在七彩色的乡间小路上,不出村就能将"孝感麻糖"寄给千里之外的老同学。同样享受着便捷物流服务的还有应城市黄滩镇干河村老兵筑梦种植养殖专业合作社,2023年合作社的20多亩"丑香瓜"通过寄递物流发货,省时省力,每亩地增收近2 000元。应城市是孝感市首个寄递物流进村全覆盖正式运营的县市,市委书记徐长斌表示:"小快递助力了大产业,近几个月来,应城通过寄递物流实现农产品上行的邮件比去年同期增长了29.1%。"

纵观孝感市推动乡村全面振兴如何"干"的过程中,我们发现孝感市的"干"都有一个特点,选准小切口,解决大民生,集中力量抓好办成一批农民群众可感可及的实事。全市1 639个行政村,建成村级快递网点1 769个,实现"快递进村全覆盖";215 816个自然湾,维修路灯30 759盏、新建路灯67 409盏,实现农村湾组路灯"湾湾亮""晚晚亮";打通市际、县际、乡镇村际之间"两不管"地带的"断头路"140多条120多千米,路畅通民心,也为乡村经济发展提供着更多的可能。

2023年,孝感市推动乡村振兴取得了一张张漂亮的成绩单。全市规模以上农产品加工产值达到1 400亿元,位居全省第二。预计全年农村常住人均可支配收入同比增长8%,增速位居全省前列。孝南区西河镇、汉川市马口镇等10个乡镇获得"湖北省美丽城镇省级示范乡镇",总数全省排名第二。这

座无论在地域还是经济总量上都处于"中游"的城市,正在以乡村为支点加速着"争上游"的进程。

也恰恰因为孝感市是一个"位处中游"的农业大市,它的跃升具备了更多可看可学之处,可敬可爱之点。他们正在争取的巨大的发展空间,也正是我国乡村振兴最可期待的潜能库。我们相信,在我国广袤的乡野大地上,将会有更多像孝感市这样的农业大市,在"敢快干"中将农业优势转变为发展胜势,在推进乡村全面振兴的大潮中,力争上游!

第五节 财政部湖北监管局:深学细用"千万工程"经验案例 扎实推动财政监管高质量发展

"千万工程"是习近平总书记在浙江省工作时亲自谋划、亲自部署、亲自推动的一项重大决策。财政部湖北监管局党组高度重视、充分认识、认真组织,坚持聚焦主线,突出抓好"工程"思维,深入学习运用"千万工程"经验案例,推动监管局高质量发展。

一、提高政治站位,抓好理论学习的"铸魂工程"

浙江省"千万工程"之所以取得突出成效,最根本在于习近平总书记的战略擘画、关心厚爱和关怀指导,在于习近平新时代中国特色社会主义思想的科学指引。财政部湖北监管局把"千万工程"经验案例作为主题教育理论学习重要内容,在全局开展大学习大讨论。一是突出统筹谋划增强学习系统性。把"千万工程"经验案例学习作为"一把手"工程,亲自部署学习方案、带头开展学习。党组理论学习中心组"领学+部署"立足引领,注重"以上率下"掀起学习热潮,党支部"自学+研讨"立足建点,常态化学习聚焦夯实基础;"读书班+授课辅导"立足扩面,深化认识提升整体水平。将"4+

4+1"学习材料细化分解,建立理论学习清单,坚持反复学,系统学。二是突出机制建设增强学习规范性。建立工作简报机制、工作台账机制、联学联动机制等,以健全制度为抓手,力促理论学习不断向深度、广度拓展。建立全链条责任落实机制,全过程跟踪评比机制,全方位学习激励机制,将理论学习严在平常、抓在经常。三是突出载体创新增强学习时效性。与财政部经建司开展联学联建,组织参加省直机关青年干部交流会等,在思想碰撞中深化对主题教育的理解。组织到中共五大会址开展现场教学,增强学习吸引力和感染力。搭建交流平台,推动形成党组领学、党委督学、支部联学、党员研学"四学"并举的生动局面。

二、坚持人民立场,抓好服务群众的"满意工程"

"千万工程"源于习近平总书记的深厚农民情结和真挚为民情怀,"千万工程"的每一次深化,都是立足于人民群众现实需求、基于调查研究的成果。监管局的工作贴近基层,贴近政策落实和资金使用的"最后一公里",将始终站稳人民立场,坚守为民情怀,盯紧中央财政资金聚焦基本民生保障。一是问计于民办难事。大兴调查研究,更加紧紧依靠人民群众开展好督导检查、绩效评价、信息调研等工作,聚焦推进乡村振兴、民营企业发展、高校毕业生就业、社区治理等改革发展中的重点难点问题,扑下身子、沉到一线,到工作局面未打开、基础设施薄弱、群众反映强烈的地方去,从基层群众中找智慧、找办法。二是问需于民办实事。认真倾听群众呼声,回应群众关切,做到群众需要解决什么、工作就聚焦什么,聚焦乡村振兴大课题,从产业振兴有效实现联农带农富农、农业保险提升农民种粮积极性、美好环境与幸福生活共同缔造等多角度同时开展调研,推动财政政策真正落地见效,把惠民生、暖民心的工作做到群众心坎上,不断增强群众获得感、幸福感。三是为民服务真办事。用好省直机关党员干部下沉社区信息管理平台，坚持"民呼我应、领办实事"。利用春节假期调研和"读看思写"活动下基层，组织青年干部开展社区老年食堂运营等"关键小事"活动调研，主动帮助群众解决问题，为基层治理添砖加瓦。

三、服务中心大局，抓好推动发展的"重点工程"

实施"千万工程"，从统筹城乡发展到推动城乡融合发展，始终坚持把农村和城市作为一个有机整体系统考虑、统筹协调。作为财政部在湖北的派驻机构，财政部湖北监管局扎根荆楚大地，在助力湖北经济社会发展的工作实践中，久久为功、循序渐进，聚焦中心工作，把"千万工程"的经验做法灵活运用在具体工作落实中。一是强化系统观念。对地方财政运行进行"立体画像"，统筹兼顾发展方向、民生保障、风险控制、监管成效等方面，联通不同区域、不同环节关键节点，用好统筹方法，找准服务中心大局的切入点、突破口。牢牢把握推动党中央、国务院重大决策部署贯彻落实，聚焦减税降费、党政机关过紧日子、基层"三保"、乡村振兴、防范金融债务风险等重点开展监督，切实提高监管工作质效。二是贯彻新发展理念。立足湖北区域特色，积极服务地方社会经济发展，着眼长远、顺应时代需要、不断创新突破。财政监管工作由监督检查为主向日常管理和服务为主转变、事后检查为主向事前事中管理为主转变，通过关口前移、及时纠偏，创新监管工作方法，以更高效、更高质的方式发现风险、控制风险、降低损失，努力发挥监管和创新"1+1>2"的作用。三是坚持闭环管理。健全"事前管理预防—事中监管控制—事后监督问效"的全过程闭环，强化动态和过程控制，推动监管重心由"治已病"转向"防未病"。探索建立覆盖预算申报、审核、执行、决算、资产、绩效的闭环管理机制，完善直达资金监控、专项资金绩效评价、重点转移支付资金监管、重大政策调研评估等流程管理,推动实现监管工作高质量发展。

四、坚持党建引领,抓好强基固本的"基础工程"

"千万工程"实施 20 多年来,浙江省抓党建促乡村振兴,充分发挥农村基层党组织战斗堡垒作用,充分发挥村党组织书记、村民委员会主任的带头作用,引导基层党员干部干在先、走在前。财政部湖北监管局始终坚持把党的政治建设摆在首位,强化政治机关意识,牢记"国之大者""财之大事"。一是全面提高党建质量。建立健全党建责任制度,全面履行机关党建主体责任。深化清单管理,落实机关党委、党支部、党员"三级联述联评联考",进一步规范工作、巩固成果、提高质量。推动机关党建双重领导体制规范运行,深入研究机关党建理论和实践重难点问题,加强成果转化运用。二是增强党组织功能。积极探索新形势下党建工作新方法,开展"一支部一品牌"创建活动,打造"排头兵""先锋哨""红心向党惠民生""监管'三牛'促发展""金融盾""财会卫士"等主题内涵深、品牌叫得响的支部品牌,充分发挥党建引领和带动作用。加强与部机关司局、监管单位、党建协作区、社区等,联建联创、资源共享,把基层党组织建设成为有效实现党的领导的坚强战斗堡垒。三是拓展机关党建促先行。围绕落实"积极的财政政策要加力提效"的要求,开展机关党建引领财政事业发展调研。组织"我为湖北先行区建设献一策"大讨论,在为湖北省加快"建成支点、走在前列、谱写新篇"中真抓实干,更好彰显财政机关担当和党建作为。

主要参考文献

潘伟光，顾益康，沈希，2024. 读懂"千万工程"推进乡村全面振兴［M］. 北京：中国农业出版社.

任初轩，2024. 如何运用"千万工程"经验［M］. 北京：人民日报出版社.

中央农业广播电视学校，农业农村部农民科技教育培训中心组，2023. "千万工程"简明手册［M］. 北京：中国农业出版社.